COLOR
LANGUAGE
OF FASHION

COLOR LANGUAGE OF FASHION

패션의 색채언어

김영인 · 김은경 · 김지영 · 김혜수
문영애 · 이윤주 · 이지현 · 추선형

(주)교문사

머리말

인간은 상상의 세계를 상징화하거나 자연을 재현하기 위하여 고대로부터 색채를 사용하여 왔습니다. 인류가 남긴 색채 흔적을 통하여 그 당시 풍토색을 알 수 있으며, 선호색과 색 이름에 담겨진 미묘한 차이에 의해 문화적 의미와 감수성을 이해할 수 있습니다. 사람은 자연이 지닌 색으로부터 미적 감동을 받고, 머릿속에 떠오르는 생각이나 감정을 이러한 색과 연결하여 표현하였으며, 풍부한 색의 이름을 통하여 전달하려 했기 때문입니다.

자연에 나타나는 무지개를 보고 받은 감동은 인간의 시적 감성과 과학적 사고를 연결해 주기도 했습니다. 과학자는 무지개를 보고 색채가 나타나는 원리를 규명하고자 분석적으로 관찰하였고, 시인은 어린아이와 같이 두근거리는 마음을 적어냈으며, 화가들은 눈에 보이는 무지개의 색과 수를 개성 있게 그려내었습니다. 이와 같은 무지개에 대한 탐구가 이어져 뉴턴이 프리즘을 통하여 분광되는 빛에 의해 나타나는 무지갯빛에 이름을 붙이고 그 원리를 밝힌 것이 약 300여 년 전의 일입니다. 하지만 이성이 중시되던 시대에 감성적인 색은 그리 중요하게 다루어지지 않았습니다. 문화와 감성의 시대인 21세기가 되면서 우리의 생활 전반에 관여하는 의미 있는 문화적 요소로서 색의 역할이 새롭게 주목받게 된 것입니다.

국내에서 색채에 대한 연구와 관심이 높아진 것도 2000년대 이후라고 보입니다. 1996년 연세대학교 색채/패션디자인 연구실에서 산업자원부와 유행색협회의 지원을 받아 국내 패션업체에서 활용하는 색을 분석하여 《COS-Color System 1304색》이라는 색표집을 만들어 내는 연구를 할 때만해도 국내에 색과 관련된 응용분야의 기초적인 연구 자료가 거의 없는 실정이었으며, 색을 정확하게 인쇄할 수 있는 기술도 매우 부족한 실정이었습니다. 그러한 상황에서 우리보다 앞서 색에 대한 연구를 해온 스웨덴과 일본 색채연구소의 자문을 받고 영국의 인쇄 기술의 도움을 받아 국제적인 수준의 색표집을 만들어 냈던 작업은 색에 대한 기초적인 이론과 실제를 체계화할 수 있었던 좋은 경험이었습니다. 이와 함께 석사·박사과정 연구원들이 색을 주제로 연구하기 시작하여 10여 년간 빨강, 노랑, 초록, 파랑, 보라, 흰색, 회색, 검정, 갈색, 분홍, 금속색, 무지개색 등 주요한 색들과 배색, 전통색, 유행색, 개인색채 등에 대해 어느 정도의 학문적 성과를 이루었습니다.

색은 사회적인 산물이므로 색을 어느 특정 분야의 시각에서 제한적으로 다루지 말고 사회현상으로서 이해하는 것이 색을 종합적으로 바라볼 수 있다는 점을 고려한다면, 패션이라는 사회현상을 반영하는 의상과 직물 염색 분야는 색을 통하여 그 당시의 사회 문화에 대한 많은 것을 연구할 수 있는 중요한 분야입니다. 그동안 색에 대해서 연구하면서 색을 학문적으로 체계화하고, 또 광범위한 색채분야를 한 권의 책으로 정리하는 것이 쉽지 않다는 것을 느끼지만, 우리의 환경을 아름답게 하고 우리의 생활을 의미 있게 해주는 색에 대한 이해를 돕는 데 조금이라도 도움이 되기를 바라는 마음에서 이 책을 발간하게 되었습니다.

책이 완성되기까지 오랜 시간 동안 한마음으로 집필과정에 참여해 주신 저자들, 그리고 출판을 맡아 주신 교문사의 류제동 사장님을 비롯하여 이 책이 나오기까지 도와주신 모든 분들께 감사의 마음을 전합니다.

2009년 9월
저자 일동

차 례

Chapter 02 노랑

Chapter 03 초록

Chapter 06 무채색

Chapter 07 특수색

Red

Chapter 01

빨강

Chapter 01

빨강

욕망의 색, 안데르센의 빨간 구두

어릴적 리본 달린 빨간 구두에 대한 여자아이들의 관심은 대단하다. 하지만 안데르센[1]의 동화 《빨간 구두》를 읽고 난 후에는 빨간 구두에 대한 맹목적인 욕망이 줄어들게 된다. 이 동화에서 빨간색은 순수성을 넘어선 세속적인 욕망을 표현하고 있기 때문이다.

　　주인공인 카렌은 아름답고 귀여웠지만 허영심이 많은 소녀였다. 너무나 가난했던 소녀는 비록 가질 수는 없었지만 우연히 보게 된 공주의 빨간 구두에 마음이 끌린다. 어머니가 돌아가시고 혼자 남게 된 카렌은 마음씨 착한 미망인의 양녀가 된다. 가난에서 벗어나 행복한 삶을 보내게 된 카렌은 세례를 받게 되고 미망인은 세례받을 카렌을 위해 새 옷과 새 신발을 사준다. 신발가게에서 보게 된 공주가 신었던 것과 같은 빨간 구두에 마음을 빼앗긴 카렌은 눈이 잘 안 보이던 미망인에게 거짓말을 하여 빨간 구두를 산다. 카렌은 빨간 구두를 너무나 좋아한 나머지 시도 때도 없이, 세례식에서조차 빨간 구두를 신게 된다. 그런데 그 신발을 신으면 어쩐 일인지 춤을 추지 않고는 배길 수 없게 되고, 결국 카렌은 양모의 장례식 날에조차 빨간 구두를 신어 자신도 모르게

1) 1805년 덴마크의 오덴세라는 지방도시에서 태어난 안데르센은 구두 수선공이었던 아버지와 알코올 중독에 걸린 어머니 밑에서 가난하게 자랐다. 도시로 온 안데르센은 소년시절 가수나 배우의 꿈을 꾸지만 요나스 콜린과 같은 상류계급 은인들의 도움으로 작가의 길을 걷게 된다. 안데르센이 처음 발표했던 동화는 순전히 글자만 있는 책이었으나 세월이 흐른 뒤 삽화가 첨가되고 삽화의 크기가 커지면서 수량도 증가하여 우리에게 익숙한 그림동화로 발전되었다.

또 춤을 추게 된다. 카렌은 빨간 구두를 벗으려 하지만 벗겨지지 않았고 춤도 멈춰지지 않아 매일 밤낮 이곳저곳을 헤매며 춤만 추게 된다. 스스로의 잘못을 뉘우친 카렌은 자신의 발목을 자르겠다고 결심하고 결국 빨간 구두를 신은 발목을 자른 다음에야 춤은 멈춘다. 그 후 카렌은 죄를 뉘우치고 경건한 생애를 보내며 겨우 구원을 받는다는 이야기이다.

01 안데르센 원작의 《빨간 구두》를 이와사키 치히로가 그린 것이다.

엄숙하고 경건해야 하는 교회에서 신어서는 안 되는 빨간 구두의 유혹, 카렌은 악마의 유혹에 넘어가 세례식뿐만 아니라 양어머니의 장례식에까지 빨간 구두를 신게 되고, 하느님으로부터 벌을 받아 계속 춤을 춰야 하는 영원의 고통에서 벗어나지 못하게 된다. 카렌은 자신의 죄를 스스로 반성하고 두 발목을 자르고서야 춤을 멈추게 되는 기독교의 신앙적 메시지가 매우 강하게 드러난다. 이렇게 '빨간 구두'는 속되고, 세속적이며, 경건하지 못한 육체의 욕망 등 교회에서 강조하는 부정적인 의미를 대변하는 도구이다. 기독교에서 빨강은 예수 그리스도가 인간을 구원하기 위해 당한 수난으로 흘린 희생의 피를 상징하는 거룩한 색이기도 하지만 다른 한편으로는 음란하며, 육체적 욕망을 상징하는 죄인의 색으로 표현되어 쉽게 도덕의 지표에서 부도덕의 지표로 변환되곤 하였다.

정열의 색, 투우사의 빨간 카포테와 물레타

평소 조용한 스페인의 고도 팜플로나Pamplona는 매년 7월 6일부터 1주일 동안 계속되는 '산 페르민San Fermin' 축제에 의해 일순간 가장 정열적인 무대가 된다. 이 축제를 특징짓는 가장 중요한 행사는 '소몰이'와 '투우'이다. 이곳의 수호성인이 된 성자 '산 페르민'이 소에 받혀 죽은 후 그를 기리고 추모하기 위해 시작되었던 경건한 행사는 세월이 흘러 어느덧 세계인이 열광하는 흥겨운 '축제'가 되었다. 사람들은 모두 흰 셔츠에 흰색 바지, 그리고 빨간 스카프를 두르

02 스페인 발렌시아에서 열린 '팔라우 페스티벌' 행사 중 일부인 투우 경기에서 스페인 투우사 엔리케 폰세가 투우 묘기를 선보이고 있다.

고 거리 이곳저곳에서 포도주를 마시며 춤을 추고 축제의 전야를 즐긴다.

다음 날 오전에 시내 중심에서 시작되는 소몰이는, 우리에서 방류된 광란의 소들에게 쫓기며 이들을 투우장으로 유도해 몰아 넣는 인간과 소의 위험한 달리기이다. 소몰이에 이어 오후에는 온통 흰 셔츠와 빨간 스카프의 복장을 한 관람객들로 가득 찬 투우장arena의 스탠드를 배경으로 투우사[2]들의 투우corri da de toros가 펼쳐진다.

강렬한 태양을 받아 빛나는 황금빛 모래밭 위에서 벌어지는 검은 근육질의 수소와 투우사의 대결. 붉은 카포테capote[3]를 이리저리 휘두르면 소는 어두운 곳에 갇혀 있다가 갑자기 밝은 햇살 속에 내몰리면서 붉은 천의 흔들림에 흥분하여 미쳐 날뛰듯이 장내를 휘젓는다. 흥분해 돌진하는 소, 투우사의 물레타muleta[4]에서 휘날리는 붉은 천과 검이 어우러져 붉은 피가 솟아오르면 마침내 투우의 막은 내리고 완전한 아름다움을 발산하는 의식은 격정적 끝맺음을 고한다.

소가 빨간색을 보고 흥분한 것일까? 그러나 소는 색맹이라 붉은색을 구분하지 못한다. 단지 소는 망토의 흔들림을 보고 흥분할 뿐이다. 오히려 카포테와 물레타의 빨간색을 보고 흥분하는 것은 소가 아니라 투우를 관람하는 사람들이다. 사람들은 투우사가 소의 등에 검을 꽂을 때 흐르는 붉은 피를 보면서 흥분의 절정에 달한다.

2) 투우사는 마타도르matador : 수석 투우사, 노비예로novillero : 견습 투우사, 피카도르picador : 창pica을 찌르는 투우사, 반데리예로banderillero : banderilla(장식이 달린 작살)를 찌르는 투우사 등이 한 팀으로 구성되며, 각자 역할을 분담하여 황소와 겨룬다. 투우사는 모두 중세기풍의 금·은으로 장식된 화려한 복장을 걸치고 엄숙한 연출과 함께 투우 특유의 분위기를 엮어 낸다.
3) 투우 초반에 소를 흥분시키는 붉은 천
4) 한가운데를 손으로 잡기 위한 막대기가 달려 있는 빨간 플란넬 천의 망토로 투우의 마지막 단계에 마타도르가 사용한다.

5) 과학동아, 1999, p. 61.
6) 지금의 터키 칼레 지방

　그렇다면 사람들은 왜 빨간색을 보면 흥분하는 것일까? 사람은 생리학적으로 빨간색을 보면 호흡과 심장박동이 빨라지고 뇌파수가 변하면서 혈압이 오르고 긴장감이 고조된다. 사람이 색을 인식하는 것은 눈으로 들어온 빛이 망막에 있는 광수용기인 간상체rod와 추상체cone의 반응에서 시작된다. 색채시각과 관련된 광수용기는 추상체로 추상체에는 빨강 영역을 보는 장파장 원추세포인 로우ρ세포, 초록과 노랑 영역을 보는 중파장 원추세포인 감마γ세포, 그리고 파랑 영역을 보는 단파장 원추세포인 베타β세포가 있다. 이들 세포의 분포비율은 정상인인 경우 40:20:1로 알려져 있다. 이렇게 사람의 눈에는 장파장 원추세포인 로우세포의 분포가 높기 때문에 빨간색을 더 잘 인식하게 되는 것이다. 그러나 모든 동물이 다 색을 구별하는 것은 아니다. 색을 구별하는 능력은 고등한 무척추동물인 오징어, 문어 등의 두족류와 게, 새우, 가재 등의 갑각류에 존재한다. 곤충들은 다른 동물들보다도 뛰어나 인간의 눈으로 느낄 수 없는 놀라운 세계를 인식한다. 그리고 어류, 양서류, 파충류, 조류 등의 척추동물도 색을 느끼지만 포유류의 대부분은 색맹이다.[5] 그래서 소에게 빨간색은 청색이나 초록색과 다르지 않다. 모두 무채색일 뿐이다. 투우사의 빨간 천이 소를 흥분시킨다는 것은 단지 그러하기를 바라는 인간의 바람일 뿐이다.

상업적인 색, 산타클로스의 빨간 코트

어릴적 누구나 크리스마스 이브가 되면 내일 아침 산타클로스 할아버지가 무슨 선물을 주실까 하는 생각에 잠 못 이루던 경험을 기억할 것이다. '산타클로스Santa Claus'는 270년 소아시아 리키아의 파타라Patara에서 출생한 성 니콜라스Saint Nicholas의 이름에서 유래되었다. 그는 자선심이 많아 미라Myra[6] 대주교에 임명되었고 많은 선행을 베풀어 죄수, 어린이, 가난한 사람과 러시아인의 수호성인이 되었다. 사람들은 그를 기려 12월 6일을 그의 축일로 지켰다.

　그의 전설은 노르만족에 의해 유럽으로 전파되었고 12세기 초부터 프랑스

03 성 니콜라스 성인

의 수녀들에 의해 니콜라스 축일 하루 전날인 12월 5일날 가난한 아이들에게 선물을 주는 풍습이 생겨났다. 성탄절에 어린이들에게 산타클로스란 이름으로 선물을 주는 이러한 풍습은 성 니콜라스 성인의 자선과 사랑을 기리는 아름다운 전통이다.

그의 이름은 라틴어로 상투스 니콜라우스인데, 네덜란드인들은 그를 '산 니콜라우스'라고 불렀고 특히 아메리카 신대륙에 이주한 네덜란드인들이 그를 '산테클라스'라고 부르면서 이 발음이 그대로 영어화되어 오늘날의 '산타클로스'로 변하게 되었다.

오늘날과 같은 산타클로스의 모습은 언제부터 시작되었을까? 성 니콜라스가 입었던 주교복의 빨간색과 산타클로스의 빨간 옷은 우연의 일치일까?

현대적 이미지의 산타클로스가 탄생한 곳은 대중문화가 발달한 미국이었다. 1822년 성탄절 이브에 뉴욕의 신학자 클레멘트 무어는 자신의 아이를 위해 〈성 니콜라스의 방문The Visit From Saint Nicholas〉이라는 시를 썼다. 시 속에서 성 니콜라스는 장밋빛 얼굴에 하얀 턱수염, 뚱뚱한 체격의 할아버지로 여덟 마리의 순록이 끄는 썰매를 타고 내려 온다고 묘사되었고 '토마스 나스트Thomas Nast'라는 19세기의 만평가에 의해서 통통한 볼에 뚱뚱하고 인자한 모습의 삽화가 그려지면서 현재와 같이 묘사되기 시작하였다. 그의 그림은 흰 수염의 할아버지가 썰매를 끄는 산타클로스의 전형을 보여 주는데, 그가 30여 년 동안 잡지에 산타클로스 삽화를 그리면서 현재의 빨간 코트의 산타클로스 모습을 갖추게 되었다.

그러나 미국사회가 점차 산업화되면서 산타클로스도 상업적으로 이용되기 시작했다. 1930년 코카콜라 사에서는 최초로 산타클로스를 광고에 이용하였는데, 이때의 산타클로스는 비교적 엄격한 모습을 하고 있었다.

1931년 코카콜라 사는 좀 더 사실적이고 상징적인 건전한 이미지의 산타클로스를 원했고 해든 선드블롬Haddon Sundblom, 1899~1976이 나스트의 그림을 모방하여 붉은 옷의 산타를 코카콜라 광고에 그리면서 오늘날 정형화된 산타클로스의 모습을 갖추게 된다.

당시 코카콜라 사는 겨울철 콜라 판매량이 급격히 감소하자 이를 타개하기 위한 마케팅 전략으로 코카콜라의 로고색인 빨간색 코트를 입히고 콜라의 흰 거품을 상징하는 희고 풍성한 수염을 단 산타클로스가 선물배달 후 콜라를 마시는 모습을 창조했다. 그 후 33년 동안 선드블롬의 산타 광고는 계속되었다. 코카콜라의 산타 이미지는 폭발적인 수요 증가로 이어져 성공적인 컬러마케팅 사례의 대명사가 되었다. 오늘날에도 붉은 옷을 입은 산타클로스를 등장시키는 것은 12월의 불황 타개책으로 가장 널리 쓰이는 마케팅 전략이 되었다.[7]

그러나 아직도 많은 어린이들은 산타클로스의 실제를 굳게 믿고 있으며 산타클로스는 뚱뚱하고 빨간 옷을 입고 다니며 항상 어린이들을 사랑하고 결코 죽지 않는다고 믿고 있다. 단지 상품 판매의 목적만으로 산타클로스를 이용하는 것이 왠지 이 시대 마지막 남은 순수한 동심마저도 어른들의 이기심에 희생되어 버린 것 같아 안타까움을 준다.

04 코카콜라의 광고에 등장한 산타클로스

매혹의 색, 빨간 립스틱

샤넬의 창시자 가브리엘 샤넬Gabrielle Chanel은 생전에 립스틱을 바르지 않고 외출하는 것은 상상할 수도 없다고 했다. 메이크업 아티스트 케빈 어코인Kevyn Aucoin은 그의 저서 《Making Faces》에서 어린아이가 엄마가 화장대 거울 앞에서 립스틱을 꺼내 바르는 것을 보게 되면서 '화장'에 대해 어렴풋이 알게 된다고 하였다. 여자들은 보통 메이크업의 가장 마지막 단계에 립스틱을 바르지만, 립스틱을 바르는 것이 어쩌면 여자가 메이크업을 하는 가장 근본적인 이유이기도 하다. 립스틱은 입술이 의미하는 성적 기호와 여성성을 드러내는 상징적인 도구이기 때문이다.

7) http://www.thecocacolacompany.com

05 태평양 ABC 화장품 신문 광고 1962

립스틱은 손가락 모양의 입술연지[8]로 '루주rouge' 라고도 불린다. 루주는 프랑스어로 '붉다' 라는 의미인데, 과거에 화장용어로 사용될 때는 볼연지만을 지칭하였으나, 요즈음에는 입술연지의 뜻이 더 강하다.

립스틱은 5000년 전 수메르Sumer의 우르Ur에서 발견되었고, BC 69~30년 클레오파트라Cleopatra가 입술에 헤나henna[9]에서 추출한 붉은 물감을 칠한 것이 여성이 입술화장을 한 최초의 기록이다. 클레오파트라는 자신만을 위한 화장품 제조공장을 두었는데, 그 규모가 대단하여 아홉 개의 방에 두 개의 맷돌을 두고 온갖 약초를 갈아서, 대형 튜브로 약초를 부드럽게 하였으며, 가마 두 구를 사용해 연고를 만들었다. 클레오파트라에게 화장품은 권력의 상징이자 남성들을 유혹하기 위한 선물이었다.

립스틱은 6세기경에 가내 수공으로 제조된 것이 스페인 상류층에 의해 사용되기 시작하였고 1880년 프랑스의 화장품 기업인 겔랑Guerlain[10]이 세계 최초로 립스틱을 대량 생산해 큰 인기를 끌었다.

립스틱에 사용되는 색소는 크게 안료[11]와 염료[12]로 나뉜다. 현재의 립스틱은 안료와 염료를 단독으로 또는 혼합하여 다양한 색을 만들고 있다. 일반적으로 립스틱에 쓰는 염료는 수용성인 홍색을 띠는 카민carmine[13]이나 적황색을 띠는 에오신eosin 등이 사용된다. 이 염료를 기름에 용해시켜 입술에 바르면 쉽게 벗겨지지 않는 붉은색으로 변화한다.

서양 립스틱이 최초로 국내에 선보인 것은 1910년대 초반이었다. 일제강점

8) 볼과 입술을 붉은 색조로 치장하는 화장품을 말한다.
9) 열대성 관목인 로소니아 이너미스 lawsonia inermis L.의 잎을 따서 말린 후 가루로 만든 염색제이다.
10) 1828년 피에르 프랑수아 파스칼 겔랑이 창업해 5대에 걸쳐 명성을 이어오고 있는 화장품회사이다.
11) 顔料, 기름에 개어서 만든 것으로, 입술에 발랐을 때 불투명하기 때문에 입술색과 관계없이 원하는 색을 만들수가 있으나 쉽게 벗겨진다.
12) 染料, 기름 또는 물에 개어서 만든 것으로, 발랐을 때 입술 표면에 착색되지만 투명하기 때문에 입술색의 영향을 받아 색깔이 변한다. 대신 잘 벗겨지지지 않는다.
13) 선인장에 기생하는 연지벌레의 암컷을 건조시켜 얻은 염료로 코치닐 cochenille이라고 불린다. 마야문명시대부터 아메리카 대륙에서 빨간 색소로 사용되었는데, 1526년 스페인 무역상이 유럽으로 도입하였다.

기의 립스틱은 '구치베니口紅, くちべに'[14]로 불렸다. 일본어로 '베니'는 빨간색을, '구치'는 입술을 의미한다. 국내에서는 1950년대 중반 태평양이 최초로 스틱형 립스틱 ABC를 생산한 것이 립스틱의 탄생이다.

요즈음은 1990년대 이후부터 계속되고 있는 자연스럽고 건강하고 촉촉한 피부 표현의 메이크업 트렌드 때문에 입술의 경우 립스틱보다는 립글로스lip gloss,[15] 립 밤lip balm[16]이나 립 틴트lip tint[17]와 같은 제품을 많이 사용하므로 투명한 볼륨감을 갖는 빨간색이 사용되기도 한다.

제시카 폴링스턴Jessica Pallingston은 그의 저서 《Lipstick》1999에서 사람들의 취향에 따라 좋아하는 립스틱 색깔이 다르듯이, 사람마다 립스틱을 바르는 형태가 다르며 그 형태에 따라 성격이 드러난다고 하였다.

립스틱을 바르는 방법도 때와 장소에 따라 달리해야 한다. 여자들은 때로 기분 전환을 위하여 빨간 립스틱을 바른다. 데이트를 할 경우에는 빨간 립스틱을 자기 입술보다 커 보이게 바르는 것이 좋지만 업무상 회의를 할 경우에는 차분한 립스틱을 단정하게 바르는 것이 더 좋다고 한다. 그러나 옷이나 화

06 매혹적인 붉은 립스틱

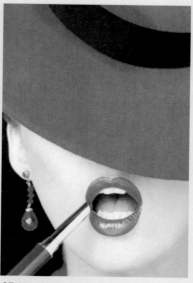

07 엘르잡지에 수록된 뷰티 광고

14) 맹문재, 한국 근대여성의 일상문화, 국학자료원, 2004 ; 결혼화장비법(여성) 제2권 제7호, 1937년 7월, pp. 86~87에 다음과 같은 글이 실려 있다. 여왕미장원 오숙근의 글로… (중략). '콜드크림'을 '까-제'에 문처 가지고 입살을 닦은 후에 입살연지 (구치베니)를 칠하되 아랫입살은 짙게 윗입살은 엷개 칠하고 나서까… (중략) …

15) 입술을 반짝거려 보이게 하는 것으로 겉으로 보기엔 색깔이 있어 보여도 실제로 바르면 거의 투명에 가까운 화장품이다.

16) 입술을 트지 않게 보호해 주고 촉촉하게 유지시켜 주는 제품으로 색깔도 약간 나고 바르면 좀 반짝이기도 하지만 주요 기능은 입술에 영양을 주는 화장품이다.

17) 립스틱처럼 입술 위에 색깔을 입히는 것으로 립스틱은 크레용처럼 입술 위에 칠을 하는 것에 비해 립 틴트는 입술을 붉게 물들이는 기능이 있다. 립스틱은 휴지로 닦으면 지워지나 립 틴트는 휴지로 닦아도 안 지워져 입술 전용 리무버를 이용해서 지워야 한다.

18) 앨런 피즈·바바라 피즈 지음, 서현
정 옮김, 2005, pp. 272~273.
19) 꼭두서니는 노란 꽃이 피는 식물의
뿌리이나 이것을 햇볕에 말리면 아름
답게 빛나는 빨강을 만들 수 있었다

장품 관련 사업, 미용실 등 여성미를 강조하는 직장에서 근무하는 경우 아름다운 매력이 돋보여야 하므로 밝고 화사한 색의 립스틱을 바르는 것이 더 나을 것이다.[18]

화장대 위에 놓여 있는 빨간 립스틱은 오늘도 여자의 허전한 마음 한구석을 채워 주기도 하고 누군가를 유혹하기도 하는 마술과도 같은 도구로 변신하고 있다.

권력과 사치의 색, 빨간 르댕고트

동·서양을 막론하고 의복의 색은 권력과 부를 상징하는 하나의 도구였다. 프랑스대혁명 이전까지 사람들은 의복을 고를 때 정해진 복식규정에 의해 옷을 선택하였으며, 사람들은 아무도 자신의 신분보다 더 사치스러운 옷을 입을 수 없었다. 광택이 나고 순수한 색은 아름다운 색으로 여겨졌고 이러한 색으로 염색된 직물의 사용은 높은 신분을 가진 자만의 특권이었다. 순수한 색이 귀했던 이유는 천연색소에서 불순물을 제거하기 어려웠기 때문이며, 특히 순수한 빨강은 염색공장에서 가장 비싼 색이었다. 빨강은 연지벌레 케르메스 : kermes에서 얻어진 색소로 만들어지는데, 생산과정이 까다롭고 복잡했을 뿐만 아니라 이 빨강으로 염색된 직물은 햇볕에서도 쉽게 변색되지 않는 장점을 지니고 있었다. 또 다른 빨간색을 내는 염료인 꼭두서니[19]는 몇 년간 저장하여 사용하면 더욱 아름다운 색을 내었다. 빨간색을 귀하게 만드는 데 중요한 역할을 한 것은 직물의 착색 효과를 높이기 위해 사용되었던 매염제인 '명반'이었다. 명반은 주로 터키나 이집트와 같은 먼 나라에서 수입했기 때문에 빨간 직물의 가격을 높이는 요인이 되었다.

그러나 귀족이 경제력을 상실하게 되고 또한 16세기에

08 1730년경의 르댕고트

이르러 네덜란드인이 최상급 꼭두서니의 재배에 성공하면서 빨간 옷은 누구나 살 수 있을 만큼 가격이 내리게 되었다. 귀족보다 부유해진 소수의 시민계층이 빨강을 권위의 색이 아닌 부자의 색으로 만든 것이다.[20]

1770년대인 로코코시대에는 프랑스 혁명을 계기로 유행의 중심이 영국으로 옮겨갔다. 남성복에는 영국의 시민적 실용성이 첨가되어 현대까지도 유지되고 있다.[21] 당시 왕실의 스포츠인 여우사냥을 할 때 귀족들은 빨간 재킷을 입었는데, 재킷의 이름은 '르댕고트redingote'로 영국의 '빨간 승마코트red riding coat'가 프랑스식으로 변화한 것이다. 이 빨간 재킷은 상반신이 꼭 맞아 허리가 날렵하게 들어가고 승마에 편하도록 뒷부분에 슬릿이 있었으며, 아랫부분이 넓고 여밈은 더블 버튼double button으로 되어 있었다. 르댕고트는 점차 장식성이 많아지면서 19세기에는 예복으로도 사용되었다. 여성들도 처음에는 르댕고트를 승마복으로 입었으나 19세기 초부터는 외투로 입기 시작하였다.[22] 이 르댕고트를 여성 코트의 시조로 볼 수 있으며 이후에는 빨간색 이외에도 여러 가지 색으로 만들어진다.

09 19세기의 르댕고트

귀족적 권위의 색으로 빨강은 오페라하우스나 호텔의 레드카펫red carpet에서도 볼 수 있다.

오늘날에도 유럽의 황실은 행사 시 붉은색으로 장식을 하지만 이제는 빨강이 더 이상 권위의 상징으로 사용되기보다는 화려했던 지난 날의 추억을 떠올리게 하는 색으로 남게 되었다.

20) 에바 헬러, 2000, pp. 104~111.
21) 백영자 · 유효순, 1998, p. 220.
22) 복식사전, 1992, p. 92.

벽사의 색, 빨간 모자

10 팝업북 《Little Red Riding Hood》의 표지 그림

중국인은 보통 노란 종이 위에 빨간색의 단사丹砂[23]로 부적을 쓴다. 또 붉은색 종이에 쓴 대귀對句의 글을 문에 붙여 신년의 행운을 빈다. 이는 빨간색이 악귀를 쫓는다고 믿기 때문인데, 이러한 풍습은 세계 여러 곳의 민간신앙이나 관습에서도 찾아볼 수 있다. 우리 민족도 결혼할 때 신부에게 연지곤지를 바르는 것은 경사스러운 날 결혼하는 여인을 투정하는 음귀를 몰아내고 새신랑에게 사악한 힘이 접근하는 것을 막는다고 믿었기 때문이다. 이런 이유의 하나로 혼례 시 입는 활옷도 붉은색이고 폐백 시 보자기도 붉은색을 사용하였다.[24]

벽사의 의미를 갖는 빨간색은 서양에서도 그 예를 찾을 수 있는데, 유아사망률이 매우 높았던 시대의 출생 장면을 그린 중세의 회화를 보면 빨간 침대보와 빨간 커튼이 눈에 띈다. 빨강이 아기를 악에서 보호한다고 믿어서 빨간 포대기나 빨간 리본을 단 포대기로 갓난아기를 감싸던 풍습을 보여 주는 것이다.

그림Grimm형제[25]의 동화 《빨간 모자Little Red Riding Hood》에서는 언제나 빨간 모자를 쓰고 있어 '빨간 모자'라는 별명이 붙은 어린 소녀가 주인공이다. 이웃 마을로 할머니 문병을 가던 빨간 모자는 도중에 늑대 한 마리를 만나는데, 순진한 소녀는 늑대에게 자기가 가는 곳을 가르쳐 준다. 그러자 늑대는 먼저 할머니의 집에 가서, 할머니를 통째로 먹어 치우고 할머니의 모습을 가장하여 침대에 누워 기다리다가 집 안으로 들어온 빨간 모자마저 잡아먹는다. 이때 지나가던 사냥꾼이 배부른 늑대를 발견하고 배를 갈라 할머니와 빨간 모자를 구해 준다는 내용이다.

원래 이 이야기는 프랑스에서 구전되어 오는 민담으로 그림형제가 원본에 수정과 첨삭을 한 것이다.

23) cinnabar. 수정과 같은 결정구조를 가지는 광물이다. 색깔은 주홍색 또는 적갈색이며 좋은 색은 심홍색이다.
24) 한국색채학회, 2001, p. 18.
25) 역사, 언어학과 게르만 문헌학에 조예가 깊었던 형 야콥 그림Jacob Grimm, 1785~1863과 감성적이며 뛰어난 문장력을 가진 동생 빌헬름 그림Wilhelm Grimm, 1786~1859은 독일 헤센 왕국의 하나우에서 판사의 아들로 태어났다. 두 사람은 신화와 전설, 동화와 민속에 관심이 깊어 고서와 친구, 근처 농민들로부터 옛날이야기를 모아 1812년에 《어린이와 가정의 동화집》을 출판했다.

이 동화 속 소녀의 빨간 모자는 사악한 늑대에게서 소녀를 지켜 주는 부적의 힘을 가지고 있다. 만약 소녀가 빨간 모자를 쓰고 있지 않았다면 죽음의 기로에서 살아나지 못했을 것이다. 추위나 더위로부터 머리를 보호하거나 장식적 또는 사회적 지위를 상징하는 모자가 빨강과 합쳐져 위험으로부터 보호해 주는 역할을 한 것이다.

11 2005년도 애니메이션 〈빨간 모자의 진실 The True Story of Red Riding Hood〉

아름다운 보석의 색, 빨강

예로부터 보석은 그 자체가 갖고 있는 사회적 가치와 아름다움, 눈부신 광채, 변함 없는 항구성으로 숭배의 대상이었다. 보석의 아름다움은 색채, 투명도, 광택, 굴절도 등으로 평가되는데, 색채는 정신적 품성의 상징으로 인식되었다. 보석은 빛의 선택적 흡수로부터 생기는 기본적인 체색body color 과 반사, 굴절, 간섭, 회절 등 여러 가지 물리적 효과에 의해 생성된 색을 발한다.[26]

순수한 탄소로 구성되어 오색찬란한 빛을 발하는 다이아몬드는 생성년도가 수십억 년에서 수천만 년으로 가장 오래된 광물 중의 하나이다. 지층 150~200km, 섭씨 1,200℃ 이상의 온도에서 고압과 고열을 받으면서 결정을 이루는 보석으로 무색, 갈색, 노랑, 보라, 초록, 빨강, 분홍, 주황 등 다양한 색상을 가진다.[27] 그러나 카나리 노랑canary yellow, 보라, 초록, 빨강 등의 진한 색상의 다이아몬드는 무색의 다이아몬드보다 더 높은 가치를 갖는다.

다이아몬드를 처음으로 사용한 사람은 BC 7~8세기경 인도의 드라비다족이라고 한다. 이후 다이아몬드는 로마시대에 유럽으로 수입되면서 귀족만이 지닐 수 있는 귀중한 보석이 되었고 중세에는 주로 호신부護身符로 사용되었

26) 한국색채학회, 2002, pp. 158~159.
27) 다이아몬드 색의 단위는 D가 아주 드문 최고의 색으로 무색을 말하며 E~는 연노란색~노란색이고 J~P는 연파란색~파란색이며 Q~Z는 적갈색~흑색이다.

12 레드 크로스 다이아몬드

다. 이 무렵까지 다이아몬드는 원석이 사용되었고 에메랄드, 루비, 사파이어와 같은 유색석色石의 가치가 더 높이 평가되었다. 보석으로서 다이아몬드가 최고의 자리를 차지하게 된 것은 17세기 말 베네치아의 V. 페르지가 '브릴리언트 컷Brilliant Cut'[28]의 연마방법을 발명한 후이다. 그리고 1866년 남아프리카공화국에서 대규모의 다이아몬드 광산이 발견되고 근대적 채굴법이 채택된 후 다이아몬드는 대중화되었다.

레드 크로스 다이아몬드Red Cross Diamond는 1910년 남아프리카공화국 드비어스De Beers[29] 사의 다이아몬드 광산에서 발견된 커다란 다이아몬드 원석이다. 세계에서 다섯 번째로 큰 다이아몬드로 발견될 당시의 중량은 375캐럿carat[30]이었으며, 연마 이후 205.07메트릭 캐럿metric carat이 되었다. 빛깔은 카나리 노랑canary yellow으로 스퀘어 쿠션square cushion 형태이며 '스텔라 브릴리언트 컷Stellar Brilliant Cut'[31]으로 연마되었다. 레드 크로스 다이아몬드는 인공광 아래에서는 무색의 다이아몬드보다도 한층 더 빛나고, 밝은빛을 쪼이면 흡수한 광선을 방출하는 것처럼 더욱더 붉은 태양빛을 반짝이며, 다이아몬드 윗부분의 깎은 면facet에 몰타 십자가maltese cross가 보이는 특징이 있다. 이처럼 빛을 흡수했을 때 붉은 태양과 같은 빛을 발하기 때문에 붉은빛의 의미인 '레드' 와 십자가를 의미하는 '크로스' 가 합쳐 '레드 크로스' 라는 명칭이 붙여진 것이다. 태양과 같이 유일무이하고 존귀한 빨강의 이미지를 지닌 레드 크로스 다이아몬드는 그 당시 크리스티 경매에서 필립스S. J. Phillips라는 사람에 의해 1만 파운드에 낙찰되었으며, 1973년 12월 제네바 크리스티 경매를 마지막으로 현재 소유자가 누구인지는 전해져 오고 있지 않다.

붉은색을 보여 주는 가장 대표적인 또 하나의 보석은 루비ruby이다. 루비는 빨간색을 의미하는 라틴어의 루브럼rubrum에서 유래되었으며, 루비가 내뿜는 색상은 강렬하고도 정열적인 빨간색이다. 신이 천지만물을 창조했을 때 만든 열두 개의 보석 중 루비에게 높은 지위를 부여했다는 구약성서의 기록처럼 귀하고 가치 있는 것으로 인식되어 왔다. 루비는 7월의 탄생석으로 위엄과 정열을 상징하며, 성경에 "지혜는 루비보다 더 값지다."라는 말이 있을 정도로 보

28) 다이아몬드의 85% 컷법으로 보석을 56면체로 만드는 컷 방법이다.
29) 영국의 De Beers J. N과 De Beers D. A(Johannes Nicholas and Diederik Arnoldus de Beers) 형제는 남아프리카공화국의 어느 농장을 단돈 50파운드에 매입했는데, 1871년에 우연히 그 농장에서 다이아몬드가 발견된다. 드비어스 형제는 이 뜻하지 않은 광산을 매입가의 126배인 6,300파운드에 매각하면서 이 농장의 명칭을 '드비어스 광산' 으로 영구히 붙여 줄 것을 요구하게 되는데, 이렇게 탄생한 드비어스는 오늘날 전 세계 다이아몬드 시장의 70%를 장악하고 있다.
30) 보석의 질량단위로 보석 200mg의 질량을 1캐럿으로 하며 보석매매의 기준이다.
31) 여덟 개의 뾰족한 침상형으로 깎은 컷을 말한다.

석의 가치를 인정받고 있다.

　루비는 사파이어와 같은 커런덤corundum[32]의 한 종류이며, 산화알미늄의 구성성분에 미량의 크롬chrome이 함유되어 있어 붉은색을 띤다. 루비는 홍옥紅玉이라고도 불리는데, 투명하고 빛이 아름다운 것을 1급 보석으로 본다. 루비의 품질을 평가하는 4대 요소는 색color, 선명도clarity, 커팅cutting, 캐럿carat이다.

　루비의 색상은 구혈색[33]이라 하는 선홍색의 강

13 흰 대리석 결정체 안에 밝게 빛나는 붉은 루비

한 붉은색을 으뜸으로 간주하는데, 그 외에도 첫 번째 피first blood, 황소의 피 ox blood 등으로도 표현한다. 색상이 좋은 루비는 매우 강렬하면서도 선명한 빨간색을 가지며 순수한 스펙트럼의 적색이다. 좋은 루비일수록 내포물이 없어 선명하고, 커팅되면 빛을 여과 없이 그대로 반사한다. 루비의 중량은 캐럿으로 나타내는데, 1캐럿은 1g의 1/5에 해당하고 질이 좋은 루비는 크기가 작아서 3캐럿 이상의 것이 채굴된 일은 드물다고 한다. 루비는 매우 비싼 보석의 하나로, 커다란 루비는 비슷한 크기의 다이아몬드보다 더 희귀하다. 지금까지 가장 큰 루비결정은 미얀마에서 발견된 약 400캐럿으로 그 후 세 개로 분리되었다. 현재 유명한 루비는 영국의 자연사박물관에 있는 167캐럿의 에드워드

32) 산화알루미늄으로 이루어진 강옥 중에서 붉은색의 투명한 돌을 루비라고 부르며, 그 외의 것은 모두 사파이어라고 부른다.
33) 鳩血色, pigeon blood, 비둘기 핏빛색

루비, 워싱턴의 스미소니언 박물관에 있는 138.7캐럿의 리브스 스타 루비, 뉴욕 자연사박물관에 있는 100캐럿의 롱 스타 루비, 1919년 제1차 세계대전이 끝날 무렵에 발견된 43캐럿의 평화의 루비 등으로 모두 아름다운 붉은빛을 발하고 있다.

신성한 색, 사제복의 빨강

14 붉은색 사제복

제의복은 신성한 존재를 암시하며 그것을 입는 사람을 변화시켜, 세속에서 벗어나게 하고, 거룩하고 존엄한 존재에게로 안내하는 의도를 담고 있다. 대부분 군주나 의식용 궁중복에서 유래한 이 복장은 입는 사람의 역할과 그가 신성한 존재 및 속세와 맺고 있는 관계를 암시하는 상징이 되는데, 여기에 사용된 기본색은 여러 민족과 종교에 따라 다른 의미를 가진다. 빨강은 삶과 죽음이라는 상반되는 의미를 지닌 색인데, 종교적 제의에서 보이는 빨간색은 순교의 피를 상징한다.[34]

예수 그리스도는 제자들과 최후의 만찬을 가진 후 유다의 배신으로 총독 빌라도에게 체포되어 옷이 벗겨진 채로 온몸에 심한 채찍질을 당한다. 이성을 잃은 총독 빌라도는 조롱하는 의미로 예수에게 유대인의 왕을 상징하는 자주색 가운을 입히고 예수는 십자가에 두 손과 두 발이 대못으로 박혀 붉은 피를

34) http://edunetn.britannica.co.kr

온몸으로 흘리며 죽음을 당한다. 레오나르도 다 빈치Leonardo da Vinci, 1452~1519가 그린 〈최후의 만찬Last Supper〉에는 유대의 왕을 상징하는 붉은 옷을 입고 있는 예수와 열두 제자가 그려져 있다. 예수의 붉은 옷은 인간을 위해 흘린 예수의 피를 상징한다. 이와 같이 예배나 사제와 관련된 종교의식에서[35] 홍색은 사랑, 고통, 순교 등을 상징하며, 주님의 수난주일 성금요일(예수님 돌아가신 날), 성령강림 대축일, 사도와 복음사가 축일, 순교 성인 축일과 기념일 등에 사용된다. 자색은 고행, 속죄, 절제의 색으로서 사순, 대림시기에 입는다. 반면 장미색은 희망과 작은 기쁨 등을 상징하는데, 1년에 두 번 대림 제3주일과 사순 제4주일에 착용한다.[36]

35) 그리스도교에서 전례복장은 매우 구체적인 상징을 지닌다. 교회가 전례복장이나 감실보 등에 여러 가지 색상을 사용하기 시작한 것은 이미 1000년대 이전부터지만, 이에 대한 규정을 처음 세운 것은 교황 인노첸시오Innocentius 3세1216년이다. 현재의 규정도 본질적인 면에서는 큰 변화가 없는데, 붉은색은 상반되는 의미를 함축하고 있다.

36) 이홍기, 미사전례, 2005.

15 레오나르도 다 빈치의 〈최후의 만찬〉으로 붉은 옷을 입은 예수의 모습이 보인다.

자유의 색, 이사도라 던컨의 빨간 스카프

현대 무용의 개척자 이사도라 던컨Isadora Duncan, 1878~1927은 1878년 샌프란시스코에서 4형제 중 막내로 태어났다. 불우한 어린 시절을 보내면서 동네 어린아이들에게 춤을 가르치던 그녀는 열다섯 살 때 뉴욕에서 델리의 무대에 출연하였으나 큰 반응을 얻지 못하고 열여덟 살 때 거의 빈털터리로 런던에 도착하여 우연한 계기로 런던 사교계에 소개되었다. 이사도라는 파리에서 새로운 발레를 공연하여 절찬을 받았고 그것이 계기가 되어 유럽의 각 도시를 순회 공연하게 된다. 이후 이사도라는 무용의 역사를 바꾸었을 뿐만 아니라 발레에 대한 관객의 개념까지도 변화시켰다. 그녀는 무대에서 입을 의상을 위한 옷감의 선택에서부터 제작과 무대배경까지도 스스로 준비했다. 1899년 시카고 데뷔 공연에서 그녀는 발레슈즈를 벗어던진 채 맨발에 거의 반나체의 모습으로 춤을 추었다. 당시 기교 위주의 전형적인 무용만 보아왔던 관객들의 반응은 대단하였고 그 후 그녀의 무대의상은 모든 무용수들에게 영향을 끼쳐 형식에 얽매인 의상보다 적절한 무용의상을 착용하는 계기가 되었다. 그녀의 혁명적

16 영화 〈The loves of Isadora〉1968 중에서. 이사도라 던컨을 죽음으로 몰고 간 빨간 스카프

무용은 무용에 대한 반항이요, 나아가 그 당시 사람들의 사고방식을 거부하는 반기였다.

　형식에 얽매이는 구속에서 탈피하고자 하였던 이사도라는 세 번의 결혼과 이혼으로 각기 성이 다른 아이 셋을 키웠으나 두 아이를 자동차 익사 사고로 잃게 되는 비운을 겪는다. 화려하고도 파란만장했던 그녀의 삶은 그녀가 유난히도 좋아하여 언제나 목에 둘렀던 빨간색 스카프에 의해 50년의 종지부를 찍게 된다. 기분 전환을 위해 그녀를 숭배하던 청년과 스포츠카를 타고 드라이브를 하던 중 가장자리에 달린 술 장식의 길이만 45cm나 되는 길고 붉은 비단 스카프가 바퀴에 말려 들면서 이사도라는 즉사하였다. 죽음마저도 너무나 극적이었던 그녀에게 빨간 스카프는 전통적인 구속에서 벗어나 자유로운 세계로 향하는 상징이었고 그녀의 가슴 속에 맺힌 고통의 표출이었다.

　오늘날에도 '이사도라 던컨 스타일'의 스카프는 앞가슴이 깊게 파인 V-네크라인의 상의에 스카프를 길게 늘어뜨리고 한쪽만 살짝 넘기는 코디네이션으로 표현되고 있다. 자유의 상징이었던 이사도라의 붉은 스카프가 오늘날에는 여성스럽고 우아한 이미지를 연출하는 아이템이 되고 있는 것이다.

Yellow

Chapter 02

노랑

Chapter 02

노랑

권위의 색, 황실의 노랑

노랑yellow은 가장 태양과 닮은 색이다. 노랑은 인간이 볼 수 있는 가시광선 중 가장 밝은색으로 아리스토텔레스는 세상의 색을 설명하면서 낮과 빛을 상징하는 색으로 노랑을 꼽았다.

노랑의 어근이 '빛나는, 반짝이는' 이라는 의미를 지닌 'ghel-' 에서 파생된 것[1]과 같이 노랑은 빛을 상징하는 색이다. 빛의 이미지와 가까운 고채도의 노랑은 황금빛으로 간주되어 예로부터 '빛나는, 특별한, 범상치 않은, 신화적인' 이미지를 표현하는 데 사용되었다. 이러한 노랑의 특성은 동양과 서양에서 공통적으로 나타난다. 신비스러운 이미지를 표현하기 위하여 주로 옷이나 후광, 베일 등에 사용되었으며, 광택 소재에 의해 빛의 이미지를 더욱 강조해왔다.

노랑이 지닌 신비스러운 빛의 이미지는 종교적 목적에 의해 주로 사용되었는데, 서양에서는 중세시대의 기독교 성화, 모자이크 장식 등에서 보이는 것처럼 후광이나 왕관, 가운 등에 나타나며 동양에

01 1426년 마시치오가 그린 〈성모 마돈나와 아기〉

1) 마가레테 브룬스, 1999, p. 89.

서는 불교의 경전, 승복과 부처상을 누런 종이와 금색으로 장식하던 것에서 볼 수 있다.

종교적 목적 이외에 특별하고 신비로운 이미지를 강조하기 위하여 노랑이 사용된 예는 결혼식 예복과 같은 경우이다. 고대 로마에서는 신부가 노란 예복을 입고 '플라메움flammeum' 이라는 불꽃빛의 노란 베일로 얼굴을 가리기도 했는데,[2] 이는 환하게 타오르는 불이나 빛의 이미지로 신부를 특별하게 보여주기 위한 것이었다.

노랑은 권위의 상징으로도 사용되었는데, 특히 동양에서는 음양오행사상과 관련된 의미를 가지고 있다. 오행 및 방위와 관련된 오방색(빨강, 노랑, 검정, 파랑, 하양) 중에서 노랑은 중앙에 위치한 색으로 천하의 중심과 그 통치자인 황제를 상징하여 중국에서는 황제의 옷과 관뿐 아니라 황제의 거처인 자금성의 기와도 노랑을 사용하여 황제의 권위를 과시하였다. 우리나라에서는 조선 말 고종이 자주권을 선포하고 황제에 즉위하면서 황제는 황룡포, 황후는 황원삼을 상징적으로 착용하여 주체적인 국가의 권위를 드러내기도 했는데, 이때 사용한 색이 고채도의 노랑이었다. 전통 한복에서도 신분의 차별을 나타내기 위하여 왕족들은 복식에 부분적인 금사 자수를 놓거나 금박을 하였는데, 이러

02 태국의 불교 사원과 승려

03 고종황제의 황룡포

2) 파버 비렌, 1996, p. 23.

한 전통 역시 노랑이 갖는 권위적인 상징성과 관계가 깊은 것으로 보인다.

이렇게 동양에서 귀색貴色으로 여겨지던 노랑은 서양에서도 권위의 상징으로 사용되기도 했다. '태양왕'이라 불렸던 루이 14세는 70여 년이라는 긴 통치 기간 동안 프랑스의 절대군주로서 권위를 잃지 않았던 왕이다. 그의 별칭은 어려서부터 깊은 매력을 느꼈던 궁중발레에 그가 직접 출연하면서 얻은 것으로, 그는 '밤의 발레Ballet de la Nuit'라는 궁중발레에서 태양의 신인 아폴론으로 직접 출연하여 온몸을 금빛 가루로 장식하고 태양을 상징하는 의상과 웅장한 홀笏을 들고 춤추기도 하였다. 루이 14세가 연기한 아폴론은 예언 및 법률을 주관하는 신으로 절대군주로서의 루이 14세 이미지와 일맥상통하는 부분이 있었다. 70년간 지속된 절대권력과 그의 그러한 취미는 지금까지도 금빛 태양을 권위와 권력의 상징으로 인식하게 하였다.

04 에도시대의 일본 판화 파리국립도서관 소장

동양문화 중 특히 일본의 영향을 많이 받았던 19세기 서양문화에서는 채도가 낮은 노란빛의 모노톤을 배경으로 하여 원근감 없이 표현되었던 이국적 판화들을 많이 볼 수 있는데, 이러한 판화는 동양적 이미지에서 영감을 받은 것이었다. 이 당시는 순수미술뿐 아니라 복식에서도 동양적이며 이국적 이미지를 즐기는 경향이 있었는데, 주로 동양적 이미지를 강조하기 위해 노란빛이 도는 모노톤의 자카드 직물로 만든 드레스 등이 애용되었다. 그 중 연한 노란 국화 문양의 직물이 크게 유행했는데, 배색을 사용하지 않은 연한 노랑의 자카드 드레스는 그 당시 유행하던 서양복식과 달리 정적이며 고급스럽고, 이국적인 느낌을 내기에 충분했다.

반면에 서양에서 권력의 상징으로 사용되는 노랑은 동양적 이미지를 나타내기 위해 사용된 경우와 달리 선명하며 광택이 있어 노랑보다는 오히려 금색으로 인식되는 경우가 많았다. 복식에서도 화려함을 강조하기 위하여 선명한 노란 실크를 주로 사용하였으며 검정을 배색해 더욱 밝고 선명한 색을 강조하기도 하였다.

고채도의 화려한 노랑은 여성복뿐 아니라 남성복에서도 사용되었는데, 남성복에서는 단색보다는 검정과 배색하여 사용한 것이 특징적이다.

권위와 권력, 화려함의 상징으로 사용되는 노랑은 현대 패션에서도 자주 나타난다. 광택 있는 노랑의 경우 화려한 이미지와 재력 및 권력과 주로 연관되는데, 이는 서양에서의 금발 blonde에 대한 편견과도 관계가 있다. 서양의 소설과 영화에서 금발여성을 간혹 권력과 부를 탐하는 속물적 이미지로 묘사하는 경우가 있는데, 이는 금색과 관련된 권력이나 부, 화려함이 연상되기 때문일 것이다.

패션에서 화려하며 장식적인 이미지로 노랑이 사용될 때 단색은 광택 있는 소재가 사용되며, 배색으로는 검정이나 브라운 계열의 색이 사용되는 경우가 많다. 특히 채도가 낮은 노랑이 검정과 함께 배색되면 레오퍼드leopard 무늬와 같이 패턴은 강하며 동시에 화려한 이미지를 나타낸다.

현대 패션디자이너 중 화려한 노랑을 사용한 대표적인 디자이너는 지아니 베르사체Gianni Versace이다. 그는 바로크적인 화려함과 권위를 현대적으로 해석하고 이를 노랑과 검정의 메두사를 이용한 패턴으로 표현하고 있다. 1980년대 이후 발표된 그의 작품은 이러한 패턴을 반복적으로 이용한 사례가 많으며 더욱 화려한 이미지를 강조하기 위하여 광택 소재를 사용하거나 금빛 디테일과 액세서리를 덧붙여 사용하였다. 그러나 노랑의 화려하며 권력을 연상시키는 이미지를 의도적으로 과도하게 사용하면 속물적 이미지를 나타내기도 한다.

05 1925년경 동양풍의 이브닝코트

06 1889년경 동양풍의 국화문 직물

07 19세기 여성 드레스 京都服裝文化財團 소장

08 베르사체 1991 F/W

09 레오퍼드 무늬의 핸드백
발렌티노, 1991 F/W

대지의 색, 생명의 근원

노랑은 수수한 땅±의 색이기도 하다. 땅은 모든 생명의 근원이며 꾸미지 않은 자연의 어머니로 상징된다. 동양의 음양오행사상에서 땅은 우주를 이루는 오행의 기본 요소이며 이를 상징하는 노랑은 방위로 볼 때 모든 것의 가운데 위치하는 '중심 색'이므로, 땅은 모든 만물의 중심이 된다. 서양문화권에서도 노랑은 땅과 관계가 있다. 영어로 옐로yellow의 어원은 고대 게르만어의 겔로gelo이며, 그것이 지루geolu, 옐위yelwe로 변화해 현재의 옐로가 되었다. 이와 유사한 독일어의 노랑은 겔브gelb이다. 또 지루geolu는 영어에서 지질학을 뜻하는 지알러지geology, 지리학을 뜻하는 지아그러피geography 등 대지와 관계있는 말의 어원이다.[3] 이는 노랑의 기원이 땅에 있음을 말해 주는 것이다.

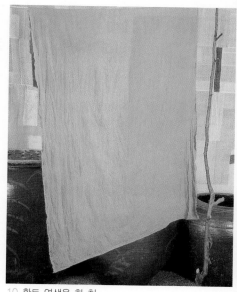

10 황토 염색을 한 천

땅의 색으로 노랑이 인식된 것은 과거에 노랑을 얻기 위한 한 방법으로 흙을 염료로 이용했기 때문인데, 현재 남아 있는 황토 염색에 의한 복식은 노랑의 이러한 유래와 관계가 깊다. 황토를 이용해 염색한 저채도의 노랑인 황토염은 땅의 색이며 자연의 색을 물들여 그대로 입는 것이어서, 가공하지 않은 수수하고 소박한 자연의 이미지를 나타낸다. 황토염을 이용한 복식은 수수하고 소박한 향토적 이미지 때문에 현대 패션에서 많이 사용되지 않지만 최근 들어 건강과 관련된 황토의 효능에 대한 재인식으로 속옷 및 인테리어를 중심으로 증가하는 경향을 보이고 있다.

자연의 염재를 이용해 소박한 노랑을 얻는 또 하나의 방법은 풋감을 이용한 갈염이다. 갈염은 제주도의 전통 염색법 중 하나로 풋감의 탄닌산을 이용해 천을 물들이는 방법이며 황토염과 마찬가지로 자연염의 일종이다.

황토나 풋감, 밤껍질 등 자연의 염재를 통해 얻어지는 노랑은 고채도의 선명한 노랑보다는 주로 갈색, 황토색 등이며 전체적으로 차분하며 수수한

11 갈염 조각보

3) 21세기연구회, 2003.

12 자연의 색

이미지를 가지므로 인공염료에 의한 중·저채도의 노랑 역시 자연과 관련된 이미지를 떠올리게 한다.

이러한 노랑의 특성에 의해 현대 패션에서 에콜로지를 테마로 디자인하는 경우 친환경적인 이미지로 연한 노랑인 베이지beige와 에크루ecru가 주로 사용된다. 베이지는 프랑스어에서 유래된 말로 '표백하지 않은 양털의 색'을 의미하며 에크루는 연한 베이지로 불리기도 하는데, '날 것'을 의미하는 단어에서 유래된 색으로 표백되지 않은 자연 그대로의 색을 의미한다. 이 두 가지 색은 내추럴natural 패션 테마에서 중요한 색이며 특히 에크루는 에콜로지의 대표적인 색이다.

베이지는 자연적인 이미지를 갖기도 하지만 클래식한 트렌치코트trench coat의 전형적인 색상으로 알려져 있기도 하다. 베이지색 트렌치코트는 1942년 영화 〈카사블랑카Casa Blanca〉에서 험프리 보가트와 잉그리드 버그만이 착용함으로써 대중적인 인기를 얻게 되었으며, 지속적 인기를 얻어 현재는 클래식한 패션 아이템으로 인식되고 있다.

13 에트로 2007 S/S

14 버버리 2006 F/W

4) 구소형, 2006, p. 30.

채도가 낮은 노랑인 갈색은 주로 흙과 나무의 이미지와 연관되어 편안하고 차분한 느낌을 준다. 갈색은 대지와 흙처럼 단단하고 튼튼하며 낯설지 않고 친숙한 느낌을 주어 심리적으로 안정감을 준다. 융 연구가이자 심리학자인 야코비J. Jacobi는 갈색은 무엇보다도 '모성적 힘'인 강렬한 토양성을 표현한다고 하였다.[4] 갈색의 이러한 특성에 의해 패션에서는 엘레강스 이미지, 클래식 이미지, 내추럴 이미지를 주로 표현한다. 어두운 갈색의 경우 클래식한 이미지가 강조되며 채도가 낮고 밝은 갈색은 내추럴 이미지를 나타내는데, 이러한 갈색에 광택이 가미되거나 명도대비가 있는 유사색상이 배색되면 고급스럽고 엘레강스한 이미지를 연출할 수 있다. 이 외에도 갈색은 소박하고 검소한 이미지도 전달하는데, 청빈의 상징인 이탈리아 프란체스코 수도회의 수사들이 입는 갈색 수사복은 검소함을 나타낸다.

행복한 색, 어린시절의 추억

노랑은 행복과 즐거움을 주는 색이다. 어린 시절을 떠올릴 때 생각나는 장면 중 하나는 노란 우비와 고무장화를 신고 비오는 날 웅덩이에서 물장난을 하던 모습이다. 노란 고무장화와 노란 우비는 아무 걱정 없던 행복한 어린 시절의 추억으로 기억된다. 노랑이 주는 이러한 기억 때문에 우리는 만화 속 '우비소년'의 노란 우비를 보며 천진난만하고 순수한 즐거움을 떠올린다. 만약 추억 속의 장화나 우비의 색이 파랑이나 초록, 검정이었어도 우리는 그러한 느낌을 가졌을까? 빨간색이나 분홍색의 우비소년이었다면 장난기 어린 천진난만한 소년의 즐거움을 연상할 수 있었을까? 아마 초록이나 검정의 장화와 우비는 노랑이 주는 짜릿한 즐거움과 행복의 판타지에 미치지 못했을 것이다.

15 우비소년

16 스마일 페이스

17 스웨덴 국가대표 축구선수의 유니폼

누구나 한 번은 읽어 보았을 실화를 바탕으로 한 《노란 손수건》에서 주인공은 4년의 복역을 마치고 가석방되며 아내에게 용서한다는 뜻으로 동네 어귀에 있는 참나무에 노란 손수건을 매어달라고 한다. 버스가 동네 어귀에 도착할 무렵 버스에 타고 있던 모든 승객은 아무 것도 나무에 매어 있지 않을까봐 가슴이 뛴다. 그러나 나무 가득 매어 있던 노란 손수건은 애타는 기다림과 새로운 인생의 시작을 상징하는 희망의 메시지로 감동을 준다. 이와 같이 노랑이 가진 행복한 힘은 정치적인 메시지로 사용되기도 한다. 1980년대 필리핀 마르코스 대통령의 독재정권에 대항했던 아키노는 독재정권에서 벗어나고자 하는 시민들의 갈망의 상징으로 노란 점퍼와 노란 리본을 사용하였다. 이들이 사용한 노랑은 절대 권력에 대항하는 소시민들의 희망과 행복의 상징이었으며 작은 힘들의 집합을 가시적으로 보여 주었다. 우리나라에도 2003년에 창당한 열린우리당이 중산층과 서민을 위한 당이라는 적극적 메시지를 전달하기 위하여 노랑을 상징적으로 사용하였다.

노랑이 가진 순수함, 행복, 희망의 메시지는 어린아이의 가식 없는 웃음을 통해 전달되기도 한다. 노란 얼굴에 웃음을 가득 안고 있는 스마일 페이스smile face는 노랑이 가진 즐거움과 행복함의 이미지를 극단적으로 보여 주는 예로 티셔츠와 문구 등에 흔히 사용되는 심벌이다. 아동뿐 아니라 성인용 티셔츠에도 자주 사용되는 스

18 사이클 순찰 임무를 맡은 영국 교통경찰

마일 페이스는 노랑과 웃음을 통하여 가식 없는 작은 행복을 나타낸다.

노랑은 즐거움과 함께 시선을 끌어 당기며 활력이 넘치는 색이기도 하다. 활력적인 노랑은 스포츠와 관련되어 종종 사용된다. 노란 스포츠카, 노란 축구 유니폼, 노란 사이클 유니폼 등 에너지가 충만한 느낌을 주는 노랑으로 힘과 속도감을 나타낸다. 스웨덴 축구선수의 유니폼은 활력적인 노랑에 반대색인 파랑을 배색하여 노랑을 더욱 강렬하게 강조하고 있다. 스웨덴은 국기에서도 태양을 상징하는 노랑을 사용하고 있는데, 스웨덴 축구 국가대표의 유니폼은 국기의 노랑과 축구경기의 활력을 연계시켜서 국가의 정체성을 잘 표현하고 있다.

노랑이 가진 활력과 속도감은 운동복뿐 아니라 경찰의 유니폼에서도 나타난다. 영국 교통경찰 중 사이클 순찰임무cycle patrol를 맡은 경찰은 형광색에 가까운 노란 유니폼을 착용한다. 이 노란 유니폼은 멀리서도 쉽게 인지되고 속도와 활력을 느끼게 해주며 보다 친근한 이미지를 갖게 한다.

유치한 색, 노란 샤쓰 입은 사나이

〈노란 샤쓰 입은 사나이〉는 1960년대 유행하던 대중가요를 영화화한 것으로 항상 노란 셔츠만 입고 다니는 무뚝뚝한 사나이가 여자가수 등 많은 여성들의 구애를 물리치고 고등학교의 체육선생과 사랑을 지켜나간다는 내용의 작품이다. 많은 한국인들에게 애창되기도 했던 이 노래의 가사에 설명되어 있듯이 언제나 노란 셔츠를 입는 말없는 사나이는 여성들에게 신비로운 매력을 가진 특별한 존재로 부각된다. 특히 남성복에 원색적 컬러가 사용되는 것이 터부시되던 1950~1960년대 한국 사회에서 노란 셔츠만을 입는 그 사나이는 많은 여성들의 관심과 질투, 욕망의 대상이 되었을 것이다.

욕망과 질투의 감정을 불러일으키는 노랑은 배신과 복수의 색이기도 하다. 배신의 이미지로 사용된 노랑은 성화에서 볼 수 있는데, 예수를 팔아 넘긴 유다의 옷이 곧잘 노란색으로 그려지는 것과 관계가 있다. 간혹 노랑은 빨강을 대신해 복수의 상징이 되기도 한다. '쿠엔틴 타란티노Quentin Tarantino' 감독의 영화 〈킬빌Kill Bill〉에서 가장 인상적인 장면 중 하나는 주인공 '더 브라이드' 역을 맡은 '우마 서먼'이 중국의 이소룡을 연상시키는 노란색 운동복 차림을 하고 자신의 처참했던 과거에 대한 복수를 하는 장면이다. 흰 눈이 날리는 일본식 정원에서 피로 빨갛게 물든 그녀의 노란 운동복은 이소룡에 대한 감독의 오마주hommage이기도 하지만 주인공의 보상받고 싶은 과거에 대한 복수의 상징이기도 하다.

노랑은 순수하면서 인위적이며 가식적인 색이다. '짐 캐리'가 열연한 영화 〈마스크The Mask〉에서 주인공은 마스크를 통해 무력한 자아에서 벗어나 무엇이든 할 수 있는 초인적 힘을 가진 이중적인 자아를 갖게 된다. 마스크를 쓴 주인공은 현실과 달리 과감하고 폭력적인 행동을 하게 되는데, 이때 주인공은 초록색 마스크에 노란 수트와 노란 모자를 착용하고 있다. 주인공의 노란 의상은 현실과 다른 상상적이며 동시에 만화적 이미지를 표현한 것으로 실현 가능하지 않으며 과장된 극적 상황을 강조하는 것이다.

19 영화 〈노란 샤쓰 입은 사나이〉 포스터 1962

20 영화 〈킬빌〉 포스터 2003

21 영화 〈마스크〉 포스터 1994

노랑은 유아적인 색으로 아직 완성되지 않은 어리고 성
숙하지 못한 미완의 이미지를 나타내기도 한다. 어린아이
의 노란 체육복은 귀엽고 사랑스럽지만 어른들이 입으면
어색하며 유치한 느낌마저 준다. 그것은 유아적인 노랑의
이미지와 착용자의 연령 및 신체적 조건이 부조화를 이루
기 때문일 것이다. 노랑의 색채를 인위적으로 이용하고 강
조해서 어색하고 유치한 이미지를 만들기도 하는데, 이러
한 방법은 팝pop과 키치kitsch문화에서 많이 볼 수 있는 특
성이다.

노랑의 경우 채도를 지나치게 강조함으로써 인공적이며
대량 생산에 의한 싸구려 이미지를 만들기도 한다. 반복적
으로 사용되어 눈이 시린 합성섬유의 노랑과 번쩍거리는 금
색은 노랑의 극단적 이미지를 강조함으로써 더욱더 유치하
고 저속하게 보이도록 한다. 고채도 노랑은 조화로워 보이

22 1996년 베르사체와 리히텐슈타인의 협업 작품

기보다 두드러져 보이며, 자연스러운 느낌보다 인위적인 느
낌을 준다. 이러한 현상은 우리 생활 속의 고채도 색상들이 화학 염료 및 합성
직물의 발달과 더불어 대거 등장하기 시작했기 때
문이며 과거의 자연 염재染材가 만들어 내
던 채도 영역을 확대시켜 나가는 역할

23 1960년대 메리 퀀트의 화장품 패키지

24 1960년대 팝아트의 영향을 받은 셔츠

을 했기 때문이다. 대량 소비 문화의 특성을 비판적으로 보여 주었던 팝아트의 경우 고채도의 색채를 사용하는 경우가 많은데, 이러한 특성은 대량 생산되는 인공적인 상품의 이미지를 강조하는 역할을 한다.

1996년 가을 이탈리아의 패션디자이너인 베르사체는 미국의 대표적 팝아티스트인 로이 리히텐슈타인Roy Lichtenstein의 1963년 작품 〈Whaam!〉을 노란색의 합성 저지 드레스yellow synthetic devoré jersey dress로 만들어 발표했다. 이 드레스는 리히텐슈타인의 애니메이션 양식을 도입해 노란 드레스의 강한 원색과 글자를 이용한 만화적 이미지로 팝아트의 전형을 보여 주고 있다.

팝아트에 비친 대중문화의 이미지 중 대량 생산, 반복적 이미지는 여러 작품에 자주 등장한다. 앤디 워홀Andy Warhol의 대표적 작품인 캠벨 수프 캔Campbell Soup Can은 대중적이며 인공적 느낌을 더욱 강조하기 위하여 모티프를 노랑으로 바꿈으로써 재생산, 반복, 인위적인 이미지를 나타내고 있다.

미니스커트를 처음 제안한 디자이너로 잘 알려진 메리 퀀트Mary Quant의 화장품 패키지는 노랑과 검정의 배색을 사용하고 거기에 단순화된 꽃의 이미지를 사용함으로써 1960년대 팝 문화의 특성을 잘 반영하고 있다.

디자인을 할 때 우리는 형태, 색채, 디테일 등 디자인 요소 중 어느 부분을 강조할 것인가를 고민하게 된다. 디자인 중 제품의 형태감을 강조하는 경우 일반적으로 강한 색채를 사용하는데, 고채도의 빨강, 노랑, 파랑을 사용하는 경우가 많다. 이 중 고채도의 노랑은 인공적이며 주목성을 갖는 형태를 만드는 특성이 있다.

1980년대 피에르 가르뎅Pierre Cardin의 조형적인 드레스는 형태를 강조하기 위해 강렬한 원색을 사용한 것으로 유명한데, 세 개의 와이어를 넣은 3단 원피스도 검정과 노랑의 형태를 대비시킴으로써 강한 이미지를 만들어 내고 있다.

준야 와타나베Junya Watanabe는 2000년 추동 작품에서 종이접기 기법

25 피에르 가르뎅의 작품

26 준야 와타나베의 작품 2000 F/W

을 응용한 독특한 형태의 스커트에 노랑을 사용함으로써 재미있으며 동시에 인공적인 형태미를 강조하고 있다.

5) 조용진, 1997, p. 79.
6) 이현주, 1999, p. 33.

외로운 색, 인생의 덧없음

노랑은 채도의 변화에 따라 다양한 이미지를 갖는 색이다. 선명한 노란색은 권력, 부, 희망, 즐거움 등 긍정적인 느낌을 주지만 색이 탁해질수록 병든, 노화된, 퇴색하는 이미지로 부정적인 느낌을 준다. 1990년대 유행했던 한국의 대중가요인 '갈색 추억'은 흘러간 사랑의 쓸쓸함을 노래한 것으로 과거의 기억을 갈색이라는 색채 이미지로 표현하고 있다.

27 1656년 요하네스 베르메르의 〈뚜쟁이〉 드레스텐 미술관 소장

서양 회화에서 꽃은 그 아름다움이 오래가지 못하고 시드는 특성 때문에 세상의 헛된 영광과 인생의 덧없음을 의미하기도 한다. 특히 노란 꽃은 서양화에서 '허무'를 연상시키는데, 창부가 입고 있는 노란 의상과 노란 꽃은 육체의 아름다움과 음욕의 노예로 사는 인생이 헛된 것임을 표현한다.[5] 요하네스 베르메르의 그림 중 〈뚜쟁이Procuress〉라는 그림 속에서 노란 드레스를 입은 여인은 돈 때문에 매춘을 하려는 여염집 여인을 나타내고 있다. 무릎 위에 그녀가 짜고 있던 레이스와 복장은 그녀가 직업 매춘부가 아님을 암시하지만 그녀가 입은 노란색 드레스를 통하여 매춘의 부정적인 면이 상징적으로 전달된다.

불길한 의미가 있는 꽃 중에는 노랑이 많은데, 노란 카네이션은 '꼭두서니, 경멸'의 꽃말을 지니며, 메리골드는 '질투, 절망'을, 노란 튤립과 장미는 질투, 식어가는 사랑 등으로 부정적이며 이루어질 수 없는 사랑을 의미한다.[6] 장이머우 감독의 〈황후화Curse of the Golden Fl owers〉에서는 노란 국화가 배신과 죽음의 상징적인 소도구로 등장한다. 주인공인 황후는 노란 국화에 집착하는 모습을 보여 준다. 영화에서는 노란 국화뿐 아니라 영화 스크린 전반에 걸쳐 황금빛 예복과 갑옷, 자금성의 노란 기와

28 영화 〈황후화〉의 포스터

등 노랑이 중요한 상징 언어로 작용하는데, 이는 노랑의 긍정적 이미지보다는 권력과 관련된 황실 내의 암투와 배신, 질투, 죽음 등으로 이어지는 부정적 이미지에 근거한 것으로 볼 수 있다.

노랑은 죽음을 상징하기도 한다. 채도가 낮아지거나 초록색기가 도는 노랑은 빛과 생명이 다해가는 것을 의미하기도 하는데, 특히 늦가을 시들어 죽어가는 누런 식물의 잎처럼 노랑은 병과 죽음에 다가가는 것을 나타낸다. 채도가 낮은 노랑인 갈색은 부정적으로 연상될 때 색채의 광채가 모두 사라지고 열정도 없어진 색이며 썩어가는 색이고 시들고 말라죽어가는 색이며 계절이 끝나가는 가을의 색이다.

이와 같이 갈색이 가진 쇠퇴와 소멸의 이미지는 상복과 연계되기도 하였다. 서양에서 서민들에게 검정 상복 대신 갈색의 옷이 사용되었는데, 검정보다 염색을 하는 경제적 부담이 적고 검정 다음으로 죽음을 연상시킬 수 있는 어두운 색이기 때문이었다.[7]

노랑은 특히 다른 색이 조금이라도 첨가되면 곧 순색의 밝은 특성이 상실되고 혼탁해지는데, 불순물이 혼합된 노랑은 순색의 가치가 상실된 질투, 배신, 의혹, 불신의 이미지를 지니게 된다.[8]

괴테는 '노란색이 싸구려 수건이나 깔개처럼 불순하고 품위 없는 표면에 입혀지면 불쾌한 효과를 낳는다' 고 하였다.[9] 그는 불의 노란색과 아름다운 금색의 인상이 불결한 감각으로 돌변하며, 명예와 환희의 색이 치욕과 혐오, 불쾌의 색으로 뒤바뀐다고 하였다. 이는 혼색에 대해 부정적 이미지를 가졌던 관념에서 유래된 것으로 보인다.

노랑의 혼색 중 하나인 카키khaki는 1848년 영국군이 인도를 공격할 때 새하얀 군복에 진흙을 발라 지저분하게 위장한 데서 시작되었다.[10] 카키라는 말은 페르시아어의 흙먼지의 뜻인 'khak' 에서 파생된 대지나 토사를 뜻하는 힌두어를 그대로 사용한 것으로 위장이나, 순수하지 못함의 의미가 강하다. 이와 연계된 카키선거khaki election는 비상시기를 이용해 치르는 전략적 선거로 정당하지 않은 선거를 의미하는데, 이는 카키가 가진 순수하지 못한 혼색의

7) 구소형, 2006, p. 27.
8) 요하네스 이텐, 1992, p. 96.
9) 마가레테 브룬스, 1999, p. 103.
10) 21세기연구회, 2003.

이미지와 관계가 있다.

동양의 음양오행에 기반한 오간색 중 유황색은 북방의 검정과 중앙의 노랑 사이에 있는 탁한 노란색을 의미한다. 혼색인 유황색은 순수한 정색 正色이 아닌 간색 間色으로 불리며 귀색으로 대접받지 못한 색이다. 우리 주변에서 볼 수 있는 유황색은 짚과 짚신의 색으로 노랑이 적당히 퇴색된 자연의 색이다.[11] 유황색은 자연스럽게 시들고 말라가는 건조하며 먼지가 앉은 듯 조용히 퇴화하는 색이다.

퇴화되어 죽음에 이르는 색으로서 소색 素色은 염색하지 않은 무명이나 삼베의 색이다.

전통색에는 백색의 의미로 사용되었다. 표백을 하지 않아 누런 빛이 도는 색이나 전통색에서는 백색의 의미로 사용되었다. 한국 전통복식에서 소색은 일상복에도 사용되었으나 현대에는 죽음

29 소색의 굴건제복차림

과 관련된 소복이나 굴건제복 屈巾祭服의 색으로 남아 있다. 굴건제복은 표백하지 않은 거친 삼베를 그대로 사용한 전통 장례복으로 망자의 죽음을 유족들의 죄로 받아들인 죄인의 상징으로 상주가 입은 상복이다. 거칠고 누런 삼베의 소색은 가족의 애통한 죽음과 슬픔을 나타낸 것으로 꾸미지 않은 자연의 색이었으며 그 슬픔을 가식 없는 소색으로 표현함으로써 순수한 슬픔과 망자에 대한 애정을 나타낸 것이다. 원초적인 자연의 색인 소색은 죽음과 슬픔의 색이기도 하지만 다시 자연의 근원으로 회귀하는 인간의 삶과 운명을 상징적으로 나타내는 색이기도 하다.

11) 이재만, 2005.

Green

Chapter 03

초록

Chapter 03

초록

영원한 동심의 색, 초록빛 옷

01 피터팬

02 알브레히트 뒤러의 〈아담과 이브〉

피터팬은 영국작가 제임스 M. 배리[1]가 1902년에 발표한 《작은 흰 새, 켄싱턴 공원의 모험》이라는 소설에 처음 등장하였고, 1904년에〈피터팬, 자라지 않는 소년〉이라는 연극이 상연되면서 우리가 알고 있는 모습으로 구체화되는데, 이 연극을 바탕으로 하여 1911년에 발표한 소설 《피터와 웬디 Peter and Wendy》가 바로 우리가 현재 알고 있는 '피터팬' 이야기이다.

피터팬이 100년 넘도록 세계인의 사랑을 받는 이유는 아마도 요정, 인어, 해적이 있는 네버랜드라는 환상의 세계를 배경으로 절대 어른이 되고 싶지 않은 동심의 원형을 드러내고 있기 때문일 것이다. 어른이 된 후에도 간직하고 있는 아이 같은 성품을 가리켜 '피터팬 신드롬'이라 부르는 이유도 여기에 있다. 이러한 피터팬의 동심은 문명에 물들지

1) 1860~1937. 스코틀랜드의 키리무르 태생으로 에든버러대학을 졸업하고, 노팅험에서 신문기자를 지낸 후 런던으로 건너온다. 그 후 연극에 흥미를 가져 많은 희곡을 집필하였다.

않은 자연 그대로의 초록색 풀잎 옷으로 표현된다.

　초록색 풀잎과 같은 옷에 대한 최초의 기록은 성경 속의 아담과 이브의 옷에서도 찾을 수 있다. 그들이 원죄로 인한 수치심을 느끼고 처음으로 자신의 몸을 가리기 위해서 사용한 것은 나뭇잎이었다. 이 초록색 옷은 피터팬의 옷과 의미적으로는 다르지만 기독교 역사상 인간이 입은 최초의 옷으로 자연과 같은 인간의 근원적인 상태를 의미한다고 볼 수 있다.

2) 패스트푸드처럼 4~6주 안에 기획에서 생산까지 완료되어 빠르고 저렴하게 유통되는 패션으로 해당 시즌에 소비된 후 바로 버려지는 특징을 갖는다.

친환경 감성의 색, 그린 패션

환경오염과 도시화에 지친 사람들이 그리워하는 자연의 초록색은 친환경을 의미하는 '에콜로지'의 상징색이 되었다. 패션에서도 에콜로지를 전달하는 메시지는 초록색 옷에 담아 표현한다.

　1990년대 후반에 자연으로의 회귀를 표현하는 자연주의가 여러 디자인 분야에 걸쳐 유행하면서 패션에서도 에콜로지 룩이 시작되었다. 색채적인 측면에서 보면 에콜로지 룩은 초록색 이외에도 자연에서 흔히 볼 수 있는 베이지, 하늘색, 나무색, 풀색 등으로 표현된다. 그러나 에콜로지 룩의 중심색은 초록색이다.

　자연주의 룩으로 시작된 에콜로지 트렌드는 2000년대 들어서 그린 패션green fashion으로 지속되고 있다. 그린 패션은 2000년대 초반 전 세계적으로 패스트 패션fast fashion[2]에 의한 패션 쓰레기가 폭발적으로 증가하여 생기는 환경오염을 줄이고자 생겨난 캠페인이다.

　면이나 마, 양모 섬유 등의 재활용을 활성화하고, 공해를 줄이는 염색법을 이용한 제품을 마케팅에 적극 활용하며 특히 유기농법을 이

03 초록색 배추밭에 놓인 디자이너 브랜드 도자기

04 프라다의 그린 룩

05 에코 패션

용한 오가닉 코튼으로 만든 제품을 프리미엄 제품화하는 것이 그린 패션의 대표적인 캠페인이다. 그린 패션을 상징하는 아이콘들은 초록색 나뭇잎이나 초록색 의류 라벨 등으로 나타나며, 패션 제품들은 다양한 초록색으로 표현된다.

이 모든 패션 현상을 상징하는 초록색은 사람들에게 오염되지 않은 자연 그대로일 뿐만 아니라 친환경, 나아가 건강한 감성을 담아내는 색채로 발전하길 바라는 현대인들의 자연에 대한 그리움을 담아내고 있다.

다산을 기원하는 색, 혼인의복

얀 반 에이크Jan van Eyck의 〈아르놀피니의 결혼〉이란 그림은 여러 면에서 유명한 이야기가 많은 그림이다. 특히 신부가 입고 있는 초록색 드레스에는 그당시 유행하던 옷의 실루엣으로 인해 임신 여부에 대한 논란이 제기되기도 하지만 결혼식에 입은 초록색 드레스는 후대의 자손 번창을 기원하는 상징적인혼인 의복으로 해석된다. 초록색 식물이 생장하듯이 자손 번성을 의미하는 것이다.

우리나라의 전통 혼례 복식인 빨간 치마에 초록 저고리에서도 여성의 다산을 기원하는 것을 읽을 수 있다. 전통 혼례 절차에서 신부가 입는 옷을 살펴보면 결혼식 당일에는 빨간 치마에 노란 저고리를 입고 원삼을 입지만 초야를치르고 난 신부는 초록 저고리로 갈아입고 신행을 나선다.

동·서양을 막론하고 겨우내 잠들어 있던 땅 위로 뚫고 솟아나는 식물의 초

06 얀 반 에이크의 〈아르놀피니의 결혼〉

07 녹의홍상

록색 기운을 옷에 실어 다산을 빌어 주는 의미가 결혼 예복에 담겨 있는 것이다.

기능적인 색, 초록색 수술복

병원에서 흔히 볼 수 있는 옷은 흰색이지만 의사들의 수술복은 청록에 가까운 초록색이다. 이에 대해 일반적으로 알려진 이유는 수술 시 혈액의 붉은색 자극에 대해 시각적으로 완화해 주는 보색인 청록색 수술복을 입게 된 것이라고 한다. 수술 시의 붉은 혈흔이 초록색 수술복 위에 묻으면 검은색에 가까운 얼룩으로 보이므로 의료기관에서 보다 두려움 없이 수술을 진행할 수 있고, 심리적으로 두려움을 덜게 해주는 기능적인 색이다. 그러나 외과적 수술이 도입된 초기의 수술복은 흰색 위주여서 이러한 세심한 수술복에 대한 배려는 근대의학이 자리 잡은 이후에 도입된 것으로 보인다.

의사에 대한 기능적 배려로 착용하는 초록색 수술복은 병원에 장기 입원한 경험이 많은 환자의 경우 강한 거부감을 갖게 되는 경우가 있다고 한다. 병원에서 받는 가장 강도 높은 처치가 수술임을 생각할 때 의사의 초록색 수술복

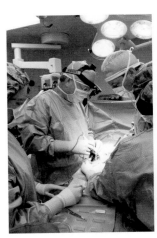

08 초록색 수술복

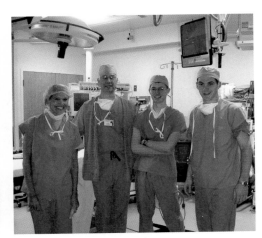

09 최근 도입된 푸른색 수술복

은 고통스러운 기억의 상징이 될 수 있다. 최근 서울대학교병원에서는 인간의 시지각적 측면에서 빨간 혈액색의 잔상이 초록보다는 파랑 쪽에 더 가깝다고 하여 수술복을 파란색으로 바꾸었다고 한다.

수술복은 멋있는 디자인보다는 기능적이고 위생적인 측면이 강조되어야 하는 특수 의복이다. 미래에는 혈흔을 자동 세척해 주는 수술복이 등장하여 더이상 특정색이 수술복의 상징색이 되지 않을 가능성도 있다.

이중성을 지닌 색, 낯설음과 신선함

많은 영화 속에서 괴물들이 등장한다. 형태와 행동이 기괴하고 사람을 위협하거나 혹은 혐오감을 느끼게 하는 돌연변이들이다. 대부분은 초록색에 끈적거리거나 불규칙한 질감을 지닌 생명체이다. 끈적임, 기괴한 형태, 불규칙한 표면감에 표현된 초록색은 인간에게 낯설고 불쾌하게 느껴진다. 특히나 생명체의 색채가 초록색인 것은 더 없이 낯설다.

10 슈렉

사람의 피부색은 인종별로 다르나 대체적으로 노란색 계열에서 붉은색 계열에 분포하며 매우 밝은 피부에서 어두운 피부까지 다양하다. 그러므로 인간의 피부색에서 보기 힘든 색채는 푸른색 계열이다. 초록, 파랑, 보라 등이 가장 낯선 피부색이며 이런 낯설음이 사람들에게 이색적이라는 이미지를 전달한다.

11 파올로 우첼로의 〈세인트 조지와 용〉

영화 슈렉이나 그린치 등에서는 괴기스럽기보다는 코믹한 괴물이 등장하는데, 이 두 괴물의 피부색이 초록색이다. 슈렉의 등장 인물 중 피오나 공주의 의상 또한 초록색이다. 공주의 드레스는 대부분 분홍이 대표적이며 대체로 붉은색 계열의 화려하고 여성스러운 의상으로 표현된다. 그러나 밤에는 못생긴 못난이 공주로 변하는 피오나 공주의 드레스에는 기괴한 이중성에 적절하게 진한 초록색이 사용되고 있다. 초록색 드레스로 인해 전형적인 아름다운 공주의 이미지를 벗고 쾌활하고 엉뚱한 공주로 등장한 것이다. 긴 밤 동안 원래의 모

12 군인의 위장복

습으로 있다가 낮 동안만 아름다운 모습으로 변신하는 피오나 공주의 이중성이 초록색 드레스 속에 담겨 나타난다.

자연스러움을 가장한 부자연스러운 색, 군복

전쟁에 참여하는 군인을 위한 1차적인 보호장비는 군복이다. 역사적으로 군복은 의장복과 기능적 전투복으로 구분되어 왔다. 군인의 지위와 품위, 단체에 대한 소속감을 드러내는 동시에 실제 전투에서는 생존을 위해 절대적으로 필요한 옷이 군복이다. 우리나라의 군복에 사용되는 보편적 색채는 초록색이다. 산이 많은 국내 환경에서 몸을 은폐하기 가장 적절한 색채가 초록색이라서 군복은 초록색으로 만들어졌다. 그러나 1990년대 미국식 얼룩무늬가 있는 초록색 군복이 더 은폐효과가 높은 것으로 여겨져 대한민국 국군의 군복도 얼룩무늬 초록색 군복으로 대대적으로 교체되었다.

인간이 자연의 색채를 이용해 전쟁을 한다는 것은 자연스러움을 가장해 부자연스러운 행위를 하는 것이다. 이러한 모순이 패션에도 영향을 미친다. 패션에서는 군복의 남성스러움을 담아 밀리터리 룩을 만들어 냈다. 제복이 주는 특징적인 세부장식에 의해 밀리터리 룩이 만들어지는데, 특히 바랜듯한 얼룩무늬 초록색은 전형적인 밀리터리 룩을 완성하는 데 필수적이다. 여성이 입는 밀리터리 룩은 오히려 더 섹시한 여성적 매력을 보여 주는 패션 코드로 작용한다는 점이 아이러니하다. 역사적으로 보면 여성들의 밀리터리 룩이 유행한 배경에는 시대적인 이유가 담겨 있다. 1940년대에는 제2차 세계대전으로 인해 민간인들이 사용할 수 있는 소비재가 부족한 상황에서 여성복 원단을 생산한다는 것 자체가 사치였다. 가장 쉽게 구할 수 있는 옷감이 군복용 옷감이었기에 여성들도 군복 원단을 이용하여 군복의 디테일을 살린 기능복, 일상복을 입을 수밖에 없었다. 이후 젊은이들에게 군입대를 권유하는 홍보에 헐리우드의 미녀 스타들이 육·해·공군의 군복을 입고 홍보활동을 함으로써 여성이

13 배우 샤론 스톤의 밀리터리 룩

착용한 군복이 더욱더 섹시하고 독특한 패션 스타일이 된 것이다. 남성들이 평상시에 입으면 남성미를 더욱 돋보이게 해주는 밀리터리 룩은 이처럼 이중적 매력을 지닌 패션 스타일이다.

건강과 활력의 색, 초록색 운동복

학창시절 체육시간을 기억하는 사람들이라면 학교마다 차이가 있겠지만 대체적으로 진한 초록색과 진한 청색의 체육복을 떠올릴 것이다. 최근에는 이지웨어easy wear의 유행으로 운동복이 편안한 일상복으로도 착용되고 있으며, 이러한 현상 때문에 운동복의 전형적인 색채도 일상복처럼 다양하게 변화하고 있다.

실제 운동에 착용하기 위한 액티브 운동복은 강렬하고 선명한 색이 더 활동적이고 활기찬 이미지를 전달한다. 그림 14와 같은 미국 대학의 치어리더들의 의상은 선명한 초록색으로 디자인되어 동작에 생동감을 더해 준다. 대부분의 운동경기는 초록색 잔디 위에서 진행되며 육상 경기장도 달리기 종목이 진행되는 트랙을 제외하면 대체로 초록색으로 구성된다. 스포츠 패션에 초록색을 많이 활용하게 된 배경에는 이러한 스포츠가 진행되는 환경 색채의 이미지가 반영되기 때문으로 해석된다.

여러 스포츠에서 볼 수 있는 초록색 중에서 가장 영광스러운 상징은 골프에서의 초록색 재킷이다. 미국 마스터즈 골프 대회의 우승자에게 주어지는 그린 재킷green jacket은 수많은 골퍼들이 가장 갖고 싶은 옷일 것이다.

이처럼 생동하는 생명력을 느끼게 해주는 근원적 코드를 지닌 색인 초록색은 여러 스포츠의 운동복에 표현된다.

14 미국 치어리더의 유니폼

15 타이거우즈의 그린 재킷

Blue

Chapter 04

파랑

Chapter 04

파랑

파란색은 발아하고 생장하는 모든 것이 암흑과 정적 속에 숨겨져 있는 겨울의 자연 같은 색이다. 파란색은 그림자를 표현하는 색이며, 더 진해지면 암흑에 가까워진다. 그것은 마치 포착하기 힘든 무無와 같은 존재이면서 투명한 대기와 같다. 파란색은 대기 중에서 가장 밝은 연한 파랑에서부터 가장 어두운 밤하늘의 검푸른 색에 이르기까지 다양한 모습을 나타낸다. 파란색은 내포된 신앙적 표정으로 인간의 마음을 동요시키고 사람들을 정신적 피안으로 안내한다. 파랑이 혼탁해지면 미신, 공포, 비탄, 파멸에 빠져들지만 언제나 초세속적 세계로의 지향은 끊임이 없다.[1]

파란색은 시원하고 차가운 느낌의 한색이며 실제의 거리보다 멀리 있는 것 같이 보이는 시각적 효과를 주는 후퇴색이다. 높은 하늘이나 깊은 바다와 같이 인간이 닿을 수 없는 초월적인 느낌을 주기 때문에 무한감이나 신비, 이상, 정신적인 것 그리고 고귀함이나 거룩함 등을 전한다. 또한 파랑은 사순절을 앞둔 월요일이나 일의 능률이 오르지 않는 월요일인 블루먼데이, 우울증 또는 템포가 느린 음악인 블루스 등을 표현하는 데 많이 쓰인다.[2]

파랑은 호감, 조화, 우정, 신뢰의 색으로 가장 많이 쓰이며 신성한 색, 영원한 색, 지속되기를 바라는 모든 것을 의미하는 색이기도 하다.

1) 고을환 · 김동욱, 1996, p. 71.
2) 강병희, 1995, pp. 28~29.

이상理想의 색

파란색은 낭만주의적인 색이다. 독일의 낭만파 시인 노발리스Novalis의
'푸른 꽃'은 주인공의 꿈속에 나타나는 동경의 상징을 파란색으로 표현
하였고, 우리나라의 동요 〈새야 새야 파랑새야 녹두밭에 앉지 마라〉에 등
장하는 파랑새도 길조를 상징하는 새로 묘사된다.[3] 또한 희귀하고 도달
할 수 없는 이상적인 존재를 '파랑새'로 표현하고, 공상적인 이야기나 요
정 이야기를 '파란 이야기contes bleus'라고 불렀다.[4] 낭만적이고 우수에
찬 파란색은 순수한 시와 무한한 꿈을 상징하는 색으로 여겨진다.

01 파랑새

　벨기에의 작가 메테를링크Maeterlinck의 동화《파랑새》는 행복의 상징
으로 하늘색의 궁전 속에 불가사의하게 빛나는 청색으로 묘사된다. 파랑새는
치르치르와 미치르 남매가 크리스마스 전야에 파랑새를 찾아 헤매는 꿈을 꾸
다가 문득 깨어나 자기들이 기르던 비둘기가 바로 그 파랑새였음을 깨닫는다
는 내용으로, 행복은 가까이에 있다는 주제를 형상화한 것이다.

　현대인의 심리적 현상 중의 하나인 파랑새 증후군은《파랑새》의 주인공처럼
미래의 행복만을 꿈꾸면서 현재의 일에는 흥미와 관심을 갖지 못하는 증후군
으로서 이것은 파란색이 후퇴색 특성으로서 갖는 뒤로 물러난, 멀게 느끼는
그래서 비현실적인 이상과 연관된 색 이미지로 생각해 볼 수 있다.

하늘, 공기, 물, 투명한 자연의 색

하늘의 색인 파랑은 성스러움과 천상의 세계를 상징하며 사파이어의 파란빛
은 진실과 충성의 색이다. 회화에서 예수와 동정녀 마리아는 영원한 생명의
파란색 옷을 입고 있다. 이생에서 저생으로 전해짐을 나타내는 불멸성의 상징
으로써 파란색은 또한 죽음, 장례의 색이 되었다. 공기 그 자체는 무색투명한
혼합 기체로서 보이지 않지만 파란 하늘, 구름, 바람으로 공기의 존재를 느낄

3) 강병희, 1995, pp. 32~33.
4) 미셸 파스투로 지음, 고봉만·김연실
　　옮김, 2002, p. 188.

02 바다의 파랑과 맞닿은 하늘의 파랑　　　　03 북한산 오봉의 해가 뜨기 직전의 하늘

수 있으며 이것은 우주를 형성하는 원소가 된다. 우리가 무색의 공기를 투명한 자연의 색으로 볼 수 있는 것은 공기 중에 섞여 있는 오염 물질과 수분으로 인하여 빛이 산란되기 때문이다. 즉, 하늘이 파랗게 보이는 이유는 태양으로부터 나온 빛의 산란 때문으로 태양광선이 대기를 통과하면서 공기나 먼지 등 어떠한 입자를 만나면 빛은 들어온 방향과 모든 방향으로 퍼지면서 진행하는 산란scattering이 일어나게 되며, 공기를 구성하는 분자들은 태양의 가시광선 중에서도 파장이 긴 빨강이나 주황보다 파장이 짧은 보라와 파란 빛을 훨씬 많이 산란시켜 우리 눈에 파란 빛이 더 많이 들어오게 되므로 우리가 하늘의 색이 파랗다고 느끼는 것이다. 보라색 계열의 빛이 빨간색 계열보다 많이 산란이 되는데, 하늘이 보라색이 아닌 파란색으로 보이는 이유는 우리 눈이 보랏빛에 둔감하고 푸른 계통의 빛이 더 잘 보이기 때문이다. 하늘의 색은 위도차와 공기 중의 수분 함유율에 따라 다르게 나타나고 공해물질의 양에도 영향을 받으며, 대기층을 통과하는 빛이 공기 중의 입자에 부딪쳐 산란되는 정도가 다르게 된다. 하늘의 색은 북극지방에 갈수록 밝은 청색에 가까워지고 색

상도 청색계에서 청자계로 변하여 쪽빛에 가까워진다. 또한 공기 중의 수분 양에 따라서 빛의 산란 양이 달라져 건조한 지역의 하늘색은 명도는 낮아지고 채도는 높아지며 습한 지역에서는 명도는 높아지고 채도는 낮아진다. 특히 고산지방은 산란이 거의 일어나지 않기 때문에 진한 군청색을 띠며 채도는 올라가고 명도는 낮아진다.

물은 상온에서 색, 맛, 냄새가 없는 투명한 액체이다. 바다의 색을 검푸른색, 파란색, 초록빛을 띠는 아쿠아그린색으로 표현하는 것은 바닷물을 투과하는 빛의 파장과 바닷물에 포함된 미립자들에 의한 빛의 산란에 따라 다른 색으로 보이기 때문이다. 파장이 긴 빨강과 노란색은 바닷물 속 깊이 투과하지 못하고 바닷물에 흡수되나 파장이 짧은 파란색이 투과되고 산란되어 우리 눈에는 파란 바다로 보이게 된다. 바다가 깊어질수록 검푸른 색이 되며 빛이 투과되지 못하는 심해는 빛과 색이 없는 어둠이다. 바닷물색은 항상 변하고 있는데, 구름이 태양빛을 차단하기도 하고 태양광선이 대기 중에서 분산되어 버리기 때문이다.

다양한 파란색

하늘의 파란색, 바다의 파란색 등 파랑은 지구상에 가장 넓게 퍼져 있어 우리가 쉽게 접할 수 있는 색이다. 이러한 파랑을 대표하는 색들은 자연에서 또는 인공적으로 만들어져 다양한 파란빛을 발한다.

울트라 마린 블루는 유럽에서 중세기경부터 사용해 왔다. 처음에는 라피스 라줄리Lapis lazuli, 청금석와 천연산인 염동광을 분쇄하여 특수한 왁스와 혼합하여 안료를 추출해 사용하였으나 청금석이 비싸고, 또 사용상 불편해 1814년 프랑스의 화학자 기메T. B Guimet가 합성 울트라 마린을 발견하고 1826년경 그멜린C. Gmelin이 합성하는 데 성공하여 공업적으로 널리 사용하게 되었다. 이 합성 울트라 마린을 딥 인디고deep indigo라고 하는데, 영국에서는 프

04 라피스 라줄리

5) 최영훈, 1996, p. 159.
6) 두산 대 백 과 사 전. Encyber &
Encyber.com

랑스 울트라 마린French Ultramarine이라 하여 라피스 라줄리와 구별하고 있다.[5] 고가의 물감인 울트라 마린은 말그대로 바다 건너편 청금석의 원산지인 인도양, 카스피 해, 흑해를 가리키며 실제로 청금석의 주 원산지는 아프가니스탄이다.

라피스는 '돌', 라줄리는 '파랑'을 의미하는 라틴어로 파란돌이라는 의미이며 감청색의 불투명 보석으로 마치 금속을 뿌려 놓은 듯 금색이 들어 있는 짙푸른 색깔의 돌로 하나의 광물이 아니라 여러 종류의 광물이 혼합되어 만들어졌으며 주 구성 물질은 감청색 광물인 청람석으로 매우 단단한 보석이다. 오랜 세월 동안 라피스 라줄리는 심령적인 돌로 우리에게 알려져 왔고 주로 성직자들에게 사용되어 왔다. 보석으로 여겨진 역사가 가장 오래된 돌 가운데 하나로 기원전 5000년경부터 사용되기 시작하여 고대 메소포타미아와 이집트에서 귀하게 사용되었다. 이집트의 왕이나 사제를 위하여 금과 함께 만든 장식품은 깊은 통찰력과 현명한 판단력과 지혜를 높여 주며 우주적 진리로 인도하는 혼을 가진 신의 보석으로 소중하게 취급되었다. 클레오파트라는 눈 위에 바르는 화장품으로 라피스 라줄리를 갈아서 사용하였고 레오나르도 다빈치는 그림을 그릴 때 라피스 라줄리 가루를 진한 청색의 물감으로 사용하였다. 고대 서양에서는 간과 위에 관련된 질병에 좋다고 여겨졌으며 성공을 보장하는 의미도 있어 남성들의 반지나 장식으로 많이 사용되며 유럽에서는 커프스 버튼이나 타이핀으로 즐겨 사용된다.[6]

프러시안 블루Prussian blue는 일반적으로 딥 울트라 마린 블루deep ultramarine blue라고 하며 본래 1704년 디스바하Diesbach에 의해 베를린에서 처음으로 제조된 안료로서 초기의 파란색 합성안료로 유명하였다. 당시의 화가가 사용할 수 있는 파란색은 한정되어 있어 천연 광물과 유리에서 얻어야 하는 파란색의 원료 공급 때문에 프러시안 블루는 발명되자마자 온 세상에 널리 알려졌으며 프러시안 블루라는 명칭은 그 당시 베를린 근처에 프로이센 Pruisen 왕국이 있어 프러시아Prussia의 파랑이란 뜻의 '프러시안 블루'라고 불렀다. 그 후 프랑스의 밀로리Milori에 의하여 개량되어 밀로리 블루Milori blue라고도 하였으며 베를린 블루Berlin blue, 파리 블루Paris blue, 스틸 블루 Steal blue, 미네랄 블루Mineral blue 등의 많은 명칭을 가지고 있다.[7]

1862년 트레나드Trenard에 의해서 발견된 트레나드 블루Trenard blue는 1802년에 최초로 만들어졌으나 완전한 것이 아니었으며 다시 1862년에 정제 품이 나왔다.

그 외에 원색 인쇄에 있어 블루의 원색으로 사용되며 풍경화나 가을 하늘 을 묘사하는 데 사용되는 세룰리언 블루Cerulean blue가 합성되어 사용되고 있다.[8]

모로칸 블루moroccan blue는 모로코의 전통적인 문의 색에서 비롯된 명칭 이며, 터키 블루는 이스탄불의 블루 모스크blue Mosque의 색에서 비롯되었다.

05 모로칸 블루

천상의 색, 성모마리아의 아름다운 파랑

파란색은 고귀하고, 거룩하고, 신성한 이미지를 가지고 있으며 역사적으로도 신성하거나 고귀한 존재를 상징할 때 쓰였다. 그 예는 프랑스 왕실의 파란색 문장이나 기독교에서 사용된 천국을 상징하는 맑은 파란색, 성모마리아의 파 란 옷에서 볼 수 있다.

서양에서 다수의 사람들이 선호하는 파란색은 12세기까지만 해도 유럽의 귀족보다는 농부나 신분이 낮은 사람들이 착용하였던 색이었으며, 12세기 전 반에 청색 바탕의 스테인드글라스가 등장할 때까지 파란색은 기독교 교회와 예배 의식에서 거의 볼 수 없는 색이었다.[9]

12세기부터 파란색은 성모마리아의 겉옷이나 드레스에서 나타났고 간혹 의 상 전체에 보이기도 하였다. 12세기 이전에는 비탄과 슬픔에 잠긴 성모마리아 를 나타내기 위하여 검은색, 회색, 갈색, 보라색, 진한 초록색 등의 어두운 색 을 상복의 색으로 사용하였으나, 12세기 전반에 이르러 이러한 어두운 색 대 신 아름다운 파란색이 성모마리아의 상복색이 되었다. 교회의 스테인드글라

7) http://en.wikipedia.org/wiki/Pru ssian _blue
8) 최영훈, 1996, p. 158.
9) 미셸 파스투로 지음, 고봉만 · 김연실 옮김, 2002, p. 47.

06 금색과 조화를 이루어 채색한 성모 마리
아의 파란색 옷 1935

07 생드니성당 1140

스나 성서의 채색삽화 화가들은 성모마리아의 의상에 사용한 파란색을 빛에
대한 새로운 개념과 조화시키려고 노력하였다. 1140년경 생드니 성당을 재건
축하면서 스테인드글라스에 사용하여 유명해진 '생드니의 파란색blue de
Saint-Denis'은 하늘과 빛에 대한 새로운 개념을 파란색으로 표현한 것이다.

절제된 색, 어두운 파랑

13세기 이후 유럽에서 파란색은 유행하는 색, 귀족적인 색이 되었는데, 파란
색에 대한 폭발적인 수요를 충당하기 위하여 염료제조와 염색업자들은 파란
색의 원료를 외국에서 수입하여 사용하게 되었다. 신대륙 아메리카로부터 유
럽으로 파란색의 원료인 인디고가 들어오기 전까지 파란색의 원료로 사용되

었던 대청을 취급하는 상인들은 새로운 파란색의
유행을 못마땅하게 여기고 이를 저지하기 위하여
교회의 스테인드글라스에 악마를 그릴 때 파란색
으로 그리기를 종용하였으며, 붉은색 원료인 꼭두
서니 거래의 중심지인 독일의 마크데부르크에서
는 죽음과 고통의 장소인 지옥을 그릴 때 파란색
으로 표현하기도 하였다.[10]

08 요아킴 파티나르의 펜과 인디고를 사용한 수채화
　　1520~1524

　15세기의 유럽은 르네상스의 영향으로 인간과
신의 관계에 대한 재해석이 시도되었고 그 과정에
서 성직자의 타락, 화려했던 교회의 장식물과 예
배의식 등 교회의 세속화에 대한 반성과 신학적인
대립으로 종교개혁이 일어나게 되었으며 이와 함께 신교도가 대두되었다. 신
교도는 권위의 통로를 성서에만 한정하고 교회는 성서보다 우위에 있지 않고
오히려 성서에 기초하여 존재한다고 하였으며, 또한 성서의 정경화正經化는
교회로 인하여 이루어졌으나 성서를 진실로 정경화한 것은 성서 자체의 힘이
므로 교회는 그것을 인정한 것에 불과하다는 것을 주장하였다. 종교개혁 이후

09 대청

10 요하네스 베르메르의 〈술병을 잡고 있고 여인〉 1662

10) 미셸 파스투로 지음, 고봉만 · 김연실
　　옮김, 2002, pp. 84~85.

신교도의 금욕적인 이유로 예배, 예술, 의복 등 일상생활에서 다양한 색보다 소박하며 어두운 색의 사용이 권유되었다. 화가들도 색을 절제하는 작업을 해야 했고 신의 창조물 안에서 영감을 얻는 것만을 묘사해야 했다. 청교도화가들은 어두운 색조, 회색이나 파란색조의 단색 효과에 의하여 그림을 그렸다. 종교 개혁가들의 시각에서 옷은 항상 겉치레이고 타락과 연관되어 있다고 생각하여 소박하고 간결한 흰색, 검은색, 회색, 파란색 어두운 파란색을 정중하고 도덕적인 색으로 사용하였다.

평등한 색, 블루진

11 리바이스의 이미지 광고

진 jean은 미국의 금광개척시대 gold rush의 작업복에서 출발하였다. 독일 출신의 레비 스트라우스는 1853년 많은 돈을 벌기 위해 황금과 부에 대한 열망으로 가득찬 사람들이 모여 있는 샌프란시스코에 천막 천을 팔기 위해 가지고 갔다. 그러나 천막보다는 작업복 바지가 필요하다는 것을 알고 천막천으로 작업복 바지를 만들어 팔기 시작했고 이를 계기로 많은 성공을 거둔 뒤 회사를 세우게 되었다. 천막용 천으로 만든 작업복 바지는 오버올 over-alls 형태가 잘 팔렸으나 튼튼한 반면에 너무 무겁고 거칠어 옷을 만드는 데 어려움이 있었다. 1860~1865년 천막용 천 대신 프랑스에서 수입해 온 서지 천에 인디고로 염색한 데님을 사용하게 되었고 이렇게 해서 블루진 blue jeans, 즉 청바지가 탄생하게 되었다. 19세기 초 영국과 미국에서 데님은 인디고로 염색된 매우 튼튼한 면직물로서 광부, 노동자, 흑인노예들의 옷을 만드는 데 사용하였다. 1872년 레비 스트라우스는 리벳을 박아서 청바지 주머니를 고정시켰고 너무 두꺼워서 염색이 잘 안 된 데님이 입을수록 색이 탈색되고 오래된 느낌이 드는 것을 오히려 사람들이 좋아하게 되어 블루진을 성공적으로 이끌었다.

제2차 세계대전 이후 청바지는 전 유럽에 유행되었고 1960년대 말에는 패션의 한 스타일로 유행하게 되었으며 1980년대에는 공산국가, 이슬람국가에서도 반체제적인 옷, 서방세계의 자유, 유행, 규범체계 및 가치체계 등을 대표하는 옷으로 등장하게 되었다. 청교도적이며 실용적인 옷으로 출발한 블루진은 인디고로 염색한 파란색 옷의 대명사가 되었고, 블루진은 이제 남성 및 여성, 사회의 모든 계층, 모든 연령층이 입게 되어 블루진의 파란색을 평등한 색으로 생각할 수 있게 되었으며, 작업복, 일상복, 파티복에 이르기까지 다양한 변신을 하며 지구상의 문명국가에서 가장 많은 사람들에게 입혀지는 옷이 되었다.

12 블루진

젊음의 색, 스포츠의 파랑

근래에 올림픽, 월드컵, 아시안게임 등 스포츠를 통한 홍보와 마케팅이 각광을 받고 있다. 이는 스포츠가 활력, 건강, 여가, 젊음의 상징으로서 이제는 단순히 국가 간의 스포츠를 통한 경쟁을 넘어서 국가와 국가, 기업과 기업, 기업과 소비자 등을 연결하는 교류의 장으로 변하고 있는 것이다.

13 토리노 동계올림픽에 나타난 스포츠웨어

14 국기를 형상화한 스포츠룩

수십억의 시청자가 지켜보는 월드컵과 같은 세계적인 스포츠 행사에서 사용하는 유니폼과, 축구화에 붙이는 로고는 곧바로 전 세계적인 매출로 연결된다. 이 때문에 스포츠 용품 회사는 자신들이 후원하는 축구 대표팀의 우승에 따라 희비가 엇갈리게 된다.

스포츠에 있어서 파란색은 가장 많이 사용되는 색으로 이것은 파란색이 가지고 있는 젊음과 호연지기의 상징적 의미 때문일 것이다. 우리나라 유니폼의 경우, 태극기의 레드컬러와 블루컬러를 이용해 강렬한 보색대비를 사용하고, 우리나라의 각종 스포츠 대표팀 유니폼에 파란색을 사용하는 이유도 이 때문이다. 올림픽 선수 유니폼은 패션의 고부가가치성을 알리는 역할을 하며, 이것을 통하여 세계 패션의 흐름을 알 수 있다. 2004년 아테네 올림픽의 엠블렘에는 그리스 바다와 하늘과 경치를 대표하는 파란색을 바탕으로 정직과 고결함을 상징하는 자유곡선의 월계수를 이용하여 과거와 현재를 연결하고 세계를 단결하는 이미지를 사용하였다.

권위의 색, 로열 블루

15 엘리자베스 2세 영국여왕 부부의 로열 블루 리본

파란색은 에드워드 3세 이후 '블루리본blue ribbon'이라는 단어에서 상징화되어 그 후 많은 분야에서 뛰어난 것, 위대한 것에 적용되어 왔다. 켄터베리의 대주교와 교회의 블루 리본, 경마의 블루 리본 등을 비롯하여, 블루 칩blue-chip은 포커에서 점수가 높은 파란색 칩에서 나온 것으로 최상의 질 또는 주식투자에서의 안전한 투자를 의미하는 말이다. 블루 블러드blue blood는 고귀한 출신을 의미하는 것으로 무어 혈통이 섞이지 않은 귀족의 피는 혼혈보다 더 파란 기를 띤다고 하여 스페인에서 유래되었다.

영국에서는 로열 블루royal blue를 국가에 대한 국왕의 영원한 정절의 표시로 사용하였으며 권위와 근엄함, 침묵을 나타낸다. 상징적으로 영국의 보수당 색은 로열 블루이며 노동당은 분홍색, 자유당은 오렌지색이어서 마거릿 대처는 1979년 영국 총선 당시 보수당의 날에 로열 블루 옷을 입기도 하였다.

로열 블루는 어두운 파랑에 약간의 빨강이 포함된 색으로 파란색의 편안함과 빨간색의 활동력을 동시에 갖는 색이다. 그래서 로열 블루는 고귀한 영혼을 나타내며 투시, 텔레파시 등 초능력과 관계가 있다. 로열 블루는 집중력, 깊은 명상으로부터 평화를 이끌어 내는 능력, 상황을 객관적으로 정확하게 판단하는 통찰력 등을 나타낸다. 또한 우울증이 심해 내성적이며 자기 이외의 일에는 무관심하거나 한 가지 일에 편집광적인 성향과 연계되기도 한다. 이러한 로열 블루가 옷에 사용되면 쉬크하고 정중하며 품위 있는 이미지를 준다. 그러나 로열 블루 단색으로만 사용되었을 경우 자칫 지루하고 우울한 느낌을 줄 수도 있기 때문에 액세서리, 넥타이 등으로 변화를 주는 코디네이션을 하거나 보색인 골드를 사용하여 자신감 있고 활기차게 만들 수 있다.

제복의 색, 네이비 블루

18세기 말 프랑스 혁명과 함께 국가, 군대, 정치적 성향을 상징하는 파란색이 나타나기 시작했다. 1790년 파리 국민 방위대 병사복의 파란색이 지방 주요 도시에서 구성된 민병복에 채택되고 그해 6월 '국가를 상징하는 파란색bleu national'으로 선포되었으며 1792년 말에는 파란색 군복이 의무화되었다.

영국 해군제복의 색으로 대표되는 네이비 블루Navy blue는 검은빛을 많이 띤 파란색으로 감색이라고도 부르며 클래식한 더블 블레이저double blazer의 대표적인 색이기도 하다. 1837년 영국 빅토리아 여왕이 해군함선 '블레이저' 호를 열병하였을 때 함장이 승무원의 복장을 차별화하기 위해 제복에 놋쇠로 만든 단추를 달게 하였으며, 이후로 블레이저코트나 재킷에는 금색단추가 달리게 되었다. 이러한 형태의 더블 블레이저는 1920년대

16 도나 카란의 패션 2007–2008 A/W

17 에드가드가의 작품 중 감색 해군장교복 차림의
   아실드가

18 여성복의 블레이저 재킷

부터 선원, 경비원, 헌병, 경찰, 군인, 소방관, 세관원, 우체부, 운동선수의 유
니폼 등의 디자인에 사용되었으며 이후로 검은색 일색이었던 제복들이 감색
으로 변하게 되었다. 또한 1930~1950년 사이에는 유럽과 미국에서 많은 사
람들이 제복뿐만 아니라 검은색의 정장 대신 감색복장을 택하게 되었고, 그
중 감색 블레이저는 그 대표적인 스타일이 되었다. 스포츠 블레이저의 경우는
특히 밝은 색이나 두 가지색 줄무늬 천으로 만들어지는 경우가 많았는데, 제1
차 세계대전 이후에는 어두운 색 특히 감색이 대신하였다. 1950년대부터 프
랑스어로 '블레이저blazer' 는 보통은 감색 상의를 말하는 용어가 되었다. 블레
이저는 재킷과 바지가 각각 다른 색상으로 대비하여 입는 콤비네이션 옷차림
으로 권위와 신분의 상징인 금속단추와 가문 또는 클럽을 표현하는 엠블렘으
로 장식한다. 싱글 재킷에 둘 또는 세 개의 단추가 달린 블레이저, 더블브레스
티드 재킷에 넷 또는 여섯 개 단추가 달린 스타일이 있다.

파랑, 블루마케팅 blue marketing

파란색은 연하고 희미한 겨울 하늘이나, 먼 그림자, 수면이나 눈, 얼음의 표면 등을 연상하게 하며, 식품과 같은 제품에서는 깨끗함이나 신선함, 방부제 등과 연관된 개념을 강화하는 데 사용되기도 한다. 생생함이나 톡 쏘는 듯한 느낌을 표현해 주어야 하는 상품의 포장이나 광고에서는 밝은 파랑이 초록이나 노란색과 더불어 가장 많이 사용되는 색이기도 하다. 파란색의 블루라는 단어는 현대인에게 환상적이고 매력적이며 안정감을 갖게 하고 꿈과 희망을 상징하는 말이 되었으며 이러한 이유로 블루라는 단어를 상품이나 장소에 붙였을 때 사람들에게 신선하고, 신비하며, 신뢰가 가고, 편안한 느낌을 주어 물건이 잘 팔리도록 하므로 사람들은 색과 상관없는 상품, 회사, 장소나 예술 작품들에도 '블루' 라는 제목을 붙인다.

1837년 티파니는 문을 열면서 디자인과 제품의 질, 장인정신에 대한 평판 획득을 위하여 파란색을 사용하였다. 카탈로그, 포장박스, 브로슈어를 신뢰감을 줄 수 있는 파란색으로 통일하였으며, 티파니의 블루박스는 티파니를 성공으로 이끄는 데 일조를 하였고 '티파니 블루' 라는 상징적인 브랜드 아이덴티티 컬러를 남겼다.

19 랄프로렌 블루 젊은 남성용 향수 광고

20 신세계 백화점 멀티숍 스튜디오 블루

부를 상징하고 성공을 의미하는 색으로 이미지를 강조하는 파란색의 컬러 마케팅으로 파란색을 사용하는 사례는 많이 있다.

그 대표적인 사례로 (주)삼성전자를 들 수 있는데, CI, 로고타입, 포장, 제품 외장, 카탈로그, 브로슈어, 홈페이지, 광고 등 모든 홍보매체와 소속 프로축구단, 프로야구단에 이르기까지 파란색을 일관되게 적용함으로써 소비자들에게 삼성의 이미지를 전달하고 있다.

또한 신세계 백화점은 멀티숍 매장의 이름을 블루핏blue fit, 블루핏 애시드 blue fit acid, 스튜디오 블루studio blue 등으로 하고 가격별, 타깃 연령층별, 제품 캐릭터별로 다양한 진 브랜드의 상품을 구성하여 매장 이름이 주는 이미지와 상품을 조화시킴으로써 소비자 만족도를 높이고 경쟁력을 높였다.

트렌디한 파랑

유행색에 영향을 준 파란색의 시작은 12세기 성화 속 성모 마리아의 파란 옷에서 찾을 수 있다. 그 후 파란색은 파란색 염료와 염색기술의 발전으로 15세기부터 현재에 이르기까지 옷과 장식물, 회화 등 다양한 부분에서 사람들이 가장 선호하고 유행하는 색이 되었다. 현대 패션에서 파란색은 클래식 룩classic look, 워크웨어 룩workwear look, 밀리터리 룩military look, 마린 룩marine look에 주로 나타난다. 클래식은 어두운 파란색 네이비 블루이 대표색상이 되며 블레이저, 트렌치코트, 카디건 수트 등에 적용되어 전통적이고 보수적인 이미지를 갖는다.

워크웨어 룩은 연한 색에서부터 진한 색의 인디고 블루가 대표적인 색상인데, 이는 워크웨어 룩이 대부분 데님이나 블루진, 점프슈츠, 오버롤의 형태가 많고 캐주얼, 활동적·남성적인 이미지로 표현되기 때문이다.

21 요지 야마모토의 롱재킷

22 플라스틱의 파랑

25 크리스티앙 디오르의 이브닝
드레스 1956 S/S

23 샤넬 1950

24 준야 와타나베 2001 S/S

26 엠마누엘 웅가로 2007-
2008 A/W

27 베르사체 2007-2008 A/W

밀리터리 룩은 군복형 코트, 재킷 등의 아이템에 사용되는 어두운 파란색이 대표적 색상으로 엄격하고 절제된 이미지를 전달한다.

　마린 룩은 세일러복, 크루징 블레이저의 형태가 많으며 어두운 파랑과 흰색을 함께 사용하여 산뜻하고 스포티한 느낌을 준다.

　파란색 옷은 기품이 있고 차가우면서 부드러운 이미지의 사람에게 잘 어울린다. 파란색을 선호하는 사람은 지성적인 편이어서 현실을 객관적으로 보려고 하며, 또한 합리적인 정보 분석력을 활용하여 일을 처리하므로 어떠한 상황에서도 차분히 일을 성취해 내는 성향을 지닌다.

동양의 파랑, 쪽빛

한국의 빛깔 적, 청, 황, 흑, 백 오방색의 정색 중 우리의 정서를 나타내는 자연색의 가장 으뜸색은 쪽빛으로 한국의 푸른빛을 대표하는 색이다. 쪽빛의 사전적 의미는 쪽의 빛깔, 곧 남빛, 쪽풀의 잎에서 우러나는 푸른색과 자주색의 중간으로 하늘보다 진한 빛깔을 말한다. 쪽에서 얻어지는 파란색은 쪽염의 횟수에 따라 아주 연한 옥색, 하늘색에서부터 진하고 검푸른 군청색에 이르기까지 다양하다. 쪽빛indigo blue은 서양의 경우 17세기 말부터 18세기 전반에 걸쳐

28 쪽풀

29 전통 쪽염 보자기

30 쪽염의 반복 횟수와 소재에 따라 나타나는 다양한 쪽 빛깔

천이나 의상에서 여러 가지 새로운 색조의 파란색으로 유행하였다. 인디고는 쪽풀이 자라는 지역에서 신석기시대부터 알려진 염료로써 18세기부터 천연염료인 인디고를 폭넓게 사용할 수 있게 되면서 파란색은 더욱더 그 인기와 유행을 선도해 나갔으며, 새로운 합성안료인 감청색prusscian blue의 제조방법이 개발되면서 진보의 색, 빛의 색, 꿈과 자유의 색으로 상징되었다.

Purple

Chapter 05

보라

Chapter 05

보라

하늘이 내린 색, 퍼플

'보라'는 기원을 알 수 없는 순수 우리말이다. 한국산업표준심의회의 '유채색의 기본색 이름'에는 보라색이 보라 또는 자색紫色이라 명시되어 있으며 대응영어는 퍼플purple로 되어 있다.

고대로부터 중세에 이르기까지 서양에서는 보라색을 퍼플로 불렀다. 퍼플은 수많은 가시달팽이로부터 소량의 염료를 얻을 수 있는 희귀한 색이었다. 염색 후 신비한 표면광택을 지닌 퍼플은 오랜 시기에 걸쳐 가장 값비싼 색, 가장 아름다운 색, 신의 선택을 받은 자의 색 등 최고의 가치를 지닌 색으로 사용되었다. 가시달팽이로 만든 빛나는 보라색인 퍼플의 재료는 가시달팽이가 분비하는 무색의 점액 한두 방울이었다. 이 한두 방울의 점액 100L를 모아 열흘 동안 은근한 불에서 달이면 심한 악취와 함께 20분의 1로 감소한 5L의 염료를 추출할 수 있었다. 열흘간 달인 추출물은 뿌연 노란색이며 여기에 담근 모직이나 비단도 뿌연 노랑을 띠었다. 하지만 이를 햇빛에 말리면 산화되어 처음에는 초록색으로 그 다음에는 빨간색으로 마지막에는 퍼플로 변했다.[1]

햇빛을 통해 생겨난 퍼플은 신비한 표면광택을 지녔다. 광택으로 인해 다채

1) 에바 헬러, 2002, p. 101.

01 고대의 보라색 퍼플은 자수정의 색과 유사했을 것으로 추정된다.

로운 빛을 발하는 퍼플을 고대인들은 하늘이 내린 '천상의 색' 이라 하여 매우 아름다운 색으로 여겼다. 고대 사회에서 '빛' 이 곧 신을 의미하였기 때문이다. 퍼플의 어원을 살펴보아도 이를 알 수 있다. 퍼플purple의 어원인 라틴어의 purpura 또는 그리스어의 porphyra는 빛의 순수함을 의미하는 puritate lucis에서 유래한다.

고대의 모자이크나 채색된 물건 또는 로마시대의 폼페이Pompeii와 보스코트레카제Boscotrecase에 있는 채색된 벽들, 페르가몬Pergamon과 모르간티나Morgantina에 있는 포장 재료들은 갈고 왁스칠을 하여 빛을 지니는 광택이 난다. 광택에 대한 선호는 색의 가치와 선호에도 영향을 미쳐서 신비한 표면광택을 지닌 고가의 보라색 직물은 '빛의 내림', 즉 '하늘이 내린 색' 이자 '천상의 아름다움을 전하는 색' 으로 가장 아름다운 최고의 가치를 지닌 색이었다.[2]

아쉽게도 고대의 퍼플은 문헌을 통해서나 추정해 볼 수 있다. 로마의 저술가 플리니우스 1세23~79는 가장 고귀한 퍼플 소재의 색과 자수정 색을 비교한 문헌을 남겼다. 이를 통해 고대의 빛나는 퍼플은 자수정의 색과 광택, 아름다움과 유사했을 것으로 짐작해 볼 수 있다. 이처럼 희귀하고 고가이며 최고의 가치를 지닌 퍼플은 황제 또는 신을 모시는 사제와 같이 신의 선택을 받은 자에게만 허용된 신성한 색이었다.

2) 존 게이지, 1996, pp. 9~27.

일반인에게는 금지된 색이었던 퍼플은 1453년 동로마제국의 멸망과 함께 과거의 색으로 사라졌다. 그 후에는 빨간 케르메스Kermes 염료가 퍼플을 대신하여 가장 고급스런 색으로 부상했다.

퍼플의 제조방법을 알 수 없었던 중세 사람들은 빨간색 케르메스와 케르메스보다 저렴한 인디고 염료를 섞어서 보라색을 만들고 퍼플과 유사한 색의 꽃 이름을 따서 바이올렛이라 불렀다. 중세 이후의 보라색은 그 시대에 제일 중요한 색이었던 빨간색의 영향으로 붉은 기미를 띠게 되었다. 화려했던 과거에 보라색이 지녔던 의미는 퇴색되었으나 보라색은 여전히 값비싼 색으로 부를 상징했다.

황제의 색

고대에는 하느님의 영광을 나타내는 색이 곧 지배자의 색이었다. 천상의 아름다움을 지닌 희귀하고 신비한 고가의 퍼플은 황제의 색이었다. 로마시대에는 황제와 여황제 그리고 황위계승자만이 퍼플 옷을 입었다. 장관들과 고위 공직자들은 단지 퍼플 장식만 달 수 있었다.[3]

황제의 퍼플 옷은 수년간 공들여 제작해야 했는데, 중국산 비단을 시리아의 다마스쿠스로 보내어 세계 최고의 비단 직조공들의 작업을 거친 다음 페니키아의 티루스로 보냈다. 티루스에서 퍼플 염색이 끝나면 다시 이집트의 알렉산드리아로 보내서 금실로 수를 놓았다.

제관식에 입을 외투를 염색하기 위해서는 300만 마리의 가시달팽이가 필요했다. 달팽이와 노동력이 저렴했던 고대 로마에서도 1kg의 실을 퍼플로 염색하는 비용은 가장 값비싼 제품보다 스무 배나 더 비쌌다. 오늘날의 가치로 환산하면 퍼플 비단 1m를 사려면 한화로 수백만 원을 지불해야 했던 것이다.[4]

고대의 퍼플 염색공들은 악취가 심한 달팽이 죽에서 밝은 빨강에서부터 어둡거나 빛나는 충만한 보라에 이르기까지 13가지 이상의 다양한 보라색 색조를 만들 수 있었다. 이 중 가장 값비싸고 높은 가치를 지닌 황족의 퍼플은 여러

3) 로마시대 초기에는 고위 공직자의 복식에도 퍼플이 허용되었다. 퍼플과 금으로 된 예복은 승리한 장군만이 입을 수 있었으며, 원로원 의원들은 폭이 넓은 퍼플 줄이 있는 튜닉을 입을 수 있었고 기사와 다른 높은 직위의 대신들은 폭이 좁은 퍼플 줄이 있는 튜닉을 입었다. 4세기 초 디오클레티아누스시대가 되어서는 황제의 독점색이 되어 퍼플로 만든 옷을 입은 사람은 누구도 역모를 꾀하는 것으로 취급되었다. 5세기가 되어 퍼플이 널리 퍼지고 암시장이 활성화되었지만, 퍼플로 만든 옷을 가지고 있거나 곱게 정제된 보라색 염료를 가지고 있는 것 또는 모조품을 가지고만 있어도 심한 벌을 받았다.

4) 에바 헬러, 2002, pp. 102~104.

번 염색하여 가장 진한 색조로 만들었으며 충만한 광택으로 빛났다. 플리니는 퍼플로 만든 황제의 보라색 복식에 대해 빛나는 흑장미 색조로 어둠과 빛이 융합하여 색의 모든 세계를 나타내는 기적이라고 표현하였다.[5]

5) 존 게이지, 1996, p. 26.
6) 에바 헬러, 2002, pp. 104~105.
7) 존 게이지, 1996, p. 25~26.
8) 에바 헬러, 2002, p. 104.

이탈리아 북부 도시 라벤나의 산비탈레San Vitale 교회에는 황제의 퍼플의상이 그려진 모자이크화가 색이 바래지 않고 보존되어 있다. 모자이크화에는 황제 유스티니아누스와 여황제 테오도라가 신하들과 함께 그려져 있다. 그 그림에 그려진 각 인물의 지위는 그들이 입은 옷에 쓰인 퍼플의 양이 말해 준다. 황제는 온통 보라색으로 휘감고 있는데, 교회의 수장을 겸한 탓에 성스러운 후광이 있다. 그의 곁에 있는 주교는 성스러운 후광도 없이 하얀 의복 위에 금색 영대領帶를 두르고 있는데, 소매와 가장자리 장식만은 퍼플이다. 최고의 관직에 오른 자는 퍼플의 큰 사각형을 옷 위에 달 수 있었다.

황제의 맞은편에는 여황제 테오도라의 모자이크가 있다. 그녀에게도 성스러운 후광이 있으며 옷도 모두 퍼플이다. 그녀를 따르는 두 부인은 모자이크로 영원한 자취를 남기는 명예는 얻었지만 퍼플 옷은 입을 수 없었다.[6]

달팽이로 염색한 퍼플은 내구성도 강했다. 모든 색이 햇빛에 의해 변색되던 시대에 햇빛으로 만들어진 퍼플은 햇빛에 의해 더 많은 빛을 발하고 변색되지 않았다. 알렉산더 대왕이 페르시아를 정복하고 돌아왔을 때 많은 양의 그리스 퍼플 직물들이 거의 2세기 동안 광택과 신선함을 보존하고 있는 것을 발견했다. 이러한 내구성으로 인해 당시의 퍼플은 영원을 상징하기도 했으며, 디오클레티아누스와 콘스탄틴과 같은 황제들은 자신의 수의를 퍼플로 만들게 했다.[7]

황제가 서명할 때 쓰는 잉크도 퍼플이었다. 퍼플 잉크는 '황제의 문방용품 감시자'라는 직함의 공무원이 지켰다. 또한 여황제가 자녀를 분만했던 방은 퍼플 비단으로 발라졌다.[8]

02 테오도라 황후의 보라색 퍼플 의상(540)을 볼 수 있는 모자이크화로 황족의 퍼플 의상은 가장 진한 색조가 되도록 여러 번 염색했으며 충만한 광택으로 빛났다.

03 로열 퍼플은 로열 블루와 함께 영국 왕실의 색으로 사용되고 있다. ①,
②: 영국 왕실의 홈페이지, ③, ④: 영국 엘리자베스 여왕과 대처 총리

퍼플은 4세기 초 디오클레티아누스시대에 황제의 독점색으로 규정되어 제조방법이 기밀로 유지됨으로써 유럽에서는 퍼플로 염색된 직물을 동로마 제국의 황제에게서 선물받을 수밖에 없었다. 카를 대제가 제관식에 입었던 퍼플 옷도 비잔틴에서 온 선물이었다.

보라색의 색명인 퍼플의 의미에는 이러한 오래된 관습이 남아 있다. 웹스터 사전에 의하면 퍼플purple은 황제나 왕실imperial, royal을 뜻하며 'born to or in the purple'은 황제의 집에서 태어난 것을 의미한다. 또한 'raised to the purple'은 성직자가 추기경이 되는 것을 의미하며, 'promotion to the purple'도 제왕이나 추기경의 지위를 나타내는 의미로 사용되고 있다.

동양의 보라색인 자색도 이와 유사한 의미를 지닌다. 중국 황제가 머무는 곳을 '자금성紫禁城'이라 하는데, 여기서 자紫색은 천제天帝를 상징한다. 현세의 황제는 조상인 천제에게 보호를 받고 있다는 뜻이 담겨 있다. 또한 금禁이란 깊고 깊은 궁중으로 일반인이 함부로 다가갈 수 없다는 의미이기도 하다. 일본 교토의 궁궐인 '자신전紫宸殿'도 자금성을 본뜬 것으로 신도황제가 있는 곳이라는 뜻이다.[9]

퍼플의 전통은 왕실의 의식과 행사를 통해서도 이어져 왔다. 1603년 영국 엘리자베스 1세의 상복은 보라색이었다. 18세기 궁중 신하들은 왕가의 장례식 이후 1년간 약식의 상복을 착용해야 했는데, 법으로 제한된 연한 보라색 복식만을 착용할 수 있었다.[10] 1840년 빅토리아 여왕의 배우자였던 앨버트 왕자의 죽음을 애도하는 것과 관련하여 다시 보라색 복식이 유행하였다. 영국 왕실의 회람장에 궁중 신하들은 애도 기간 동안 흑색, 백색, 연한 보라색 옷을 입어야 한다는 것을 의복에 대한 법률로 명시하고 있다.[11]

9) 21세기연구회, 2004, p. 198.
10) 호퍼 & 월치, 1990, pp. 211~212.
11) 마셜, 1989, p. 218.

보라색 복식은 왕실의 중요 행사인 대관식에도 사용되어 왔으며, 이러한 왕실의 의식은 패션에 많은 영향을 미쳤다. 1937년 영국의 대관식에서 에드워드 8세가 착용한 로열 퍼플royal purple의 보라색 복식으로 인해 보라색 패션이 크게 유행하기도 했다.[12]

04 영국 여왕의 마차 내부의 보라색 벨벳

로열 퍼플은 현재까지 로열 블루royal blue와 함께 영국 왕실을 상징하는 색으로 사용되고 있다.[13] 영국의 왕실과 여왕을 소개하는 공식 홈페이지는 이 보라색을 배경색으로 사용하여 이미지를 전달하고 있다. 엘리자베스 2세 여왕은 공식적인 행사에서 종종 로열 블루 계열색이나 로열 퍼플 계열색의 의상을 입는다.

이 외에도 고대로부터 로마 황실의 색으로 사용되어 온 퍼플의 전통을 찾아볼 수 있다. 런던의 웨스트민스터 사원에는 1308년부터 영국의 여왕과 왕이 제관식을 가졌던 의자가 있다. 그 의자의 팔걸이는 진한 보라색 벨벳으로 씌워져 있으며, 영국의 왕관들도 모두 보라색 벨벳으로 받쳐져 있다. 여왕이 생일 행렬에 사용하는 마차도 보라색 쿠션으로 장식되어 있다.

신성한 색

태양으로부터 '창조된 것'이나 다름없는 빛나는 퍼플은 성스럽고 신성한 의미를 지닌다.

고대 그리스에서는 주피터 신의 체현體現을 나타내는 색으로 퍼플을 사용하였으며, 곡식의 신을 섬기는 의식인 엘레우시스Eleusis 제전을 집행하는 사제들도 신을 모시기 위해 퍼플 의상을 착용했다.[14]

이스라엘에서는 보라색의 사용이 사원과 이동 성전의 커튼, 그리고 신분 높은 사제를 위한 것으로 제한되었다. 한 인간에게 보라색을 넘겨 준다는 것은 본래 신의 이름으로 그의 지배권을 정당화해 주는 것을 의미했다.

신의 말씀을 표현하는 도구로도 보라색을 사용했다. 신의 말씀은 보라색 양

12) 호퍼 & 월치, 1990, pp. 302.
13) KBS 한국색채연구소, 1991, p. 55.
14) 파버 비렌, 1992, p. 29.

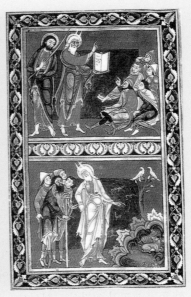

05 잉게보르그 여왕의 시 편집 장식삽화 1210로 성
　　서에 등장하는 보라색은 거룩한 신앙심을 상징
　　한다.

06 신앙심을 나타내는 보라색 12세기 초

피지 위에 금빛 잉크로 썼다. 양피지의 광채나 색조가 희미해졌을 경우에는
번쩍이는 금빛 잉크의 환한 빛으로 그것을 보완했다.[15]

　신학에서 보라색은 성스러운 신앙심을 나타낸다. 손으로 쓴 오래된 성경책
들을 보면 성인들이 보라색 배경 위에 그려져 있는 것을 자주 발견할 수 있다.
구약성서 신명기의 권두화에는 모세와 아론이 히브리인들에게 율법을 가르치
고 있는 것을 보여 준다 그림 06 위쪽. 여기에서 아론은 보라색 의복을, 모세는 자
주색 외의를 두르고 있는데, 이들의 보라색 의복은 신앙심을 표현한 것이다.
엘 그레코 Le Greco의 〈의복을 벗기는 크리스트〉에는 크리스트 수난의 한 장면
을 보여 주고 있는데, 여기에도 예수의 성의를 표현하는 데 자주색을 사용하
고 있다. 피에터 부류겔 Pieter Bruegel의 〈맹인의 우화〉는 여섯 장님의 행렬을
그리고 있는데, 이들이 입은 둔하고 탁한 보라색 외의는 배경의 교회와 대비되
어 그들의 신앙심이 차가운 죽음의 도랑으로 향하고 있음을 표현하고 있다.[16]

　앨리스 워커 Alice Walker의 소설 《보라색 The Color Purple》에서는 연보라색

15) 마가레테 브룬스, 2000, pp. 208~
　　209.
16) 요하네스 이텐, 1994, p. 166.

07 맹인의 우화 16세기

들꽃들이 '신은 모든 사람과 물체에 내재한다'는 상징으로 등장하는데, 연보라 또는 보라가 여기서도 신성함과 신앙심을 나타낸다.[17]

교회의 보라색도 그 기원은 퍼플이다. 교회는 세속적 권력의 색인 퍼플을 영원, 정의, 겸손의 색으로 해석함으로써 권력을 추구하면서도 신의 겸손한 종으로 나타내야 하는 모순을 해결했다. 왕은 권력으로 다스리지만 추기경과 교회는 겸손으로 다스린다.

가시달팽이로 만든 퍼플이 있던 시대에 보라색은 추기경의 서열을 나타내는 색이었다. 예전에는 왕보다 권력도 강하고 돈도 많았던 추기경들이 있었다. 콘스탄티노플의 퍼플 염색공장들이 문을 닫은지 얼마 되지 않았던 1464년, 교황 바오로 2세는 앞으로 추기경의 의복 염색에 케르메스를 사용하라고 명령했다. 추기경의 퍼플은 그때부터 파란빛이 약간 도는 빛나는 빨강이 되었고 추기경 밑에 있는 주교들의 의복은 케르메스와 케르메스보다 저렴한 인디고를 섞어서 염색하여 더 이상 퍼플이 아닌 보라색 의복을 입었다. 이렇게 색의 서열은 색의 가격에 따라 정해졌다.

가톨릭 교회의 보라색 전통은 오늘날까지 이어지고 있다. 보라색은 주교와 수도원장, 교황청 고관 등 고위 성직자들의 서열을 나타내는 색이다. 이들은 공식석상에서 보라색 수단을 입는다. 가톨릭 성직자들이 평상시에 입는 검은

17) 에바 헬러, 2002, p. 107.
18) 에바 헬러, 2002, p. 106.

수단에도 색으로 서열이 표시되는데, 주교의 수단에는 보라색 단추, 추기경의 수단에는 빨간 단추를 단다.[18]

가톨릭의 전례에서 보라색은 참회를 뜻한다. 고해성사를 집행할 때 신부는 보라색 영대를 길게 늘어뜨린다. 고해성사실에 있는 커튼도 대개 보라색이다. 보라색은 또한 금식기간의 색이다. 이 시기에 모든 가톨릭 성직자들은 보라색 옷을 입고 미사를 드린다. 성聖주간에는 십자가상을 보라색 천으로 덮어 두는 교회도 많다. 제2차 바티칸 공의회1962~1965 이후에는 장례미사도 검은색이 아니라 보라색으로 거행한다. 검정은 세속적인 슬픔의 색이어서 전례의 색으로 쓰이지 않는다.

개신교에서도 오늘날까지 보라색이 교회의 색이다. 개신교 총회가 열릴 때 하얀 바탕에 보라색 십자가가 그려진 깃발을 게양하며, 개신교의 예배를 가리키는 안내판에도 보라색 교회가 그려져 있다.

대학교수들이 제복을 입었던 시대에 신학교수들은 보라색 모자를 쓰고 공식석상에 나타났고, 대학에 따라서는 보라색 제복을 입기도 했지만 대부분은 보라색 장식이 달린 검은 제복을 입었다.[19]

세속적인 색, 바이올렛

동로마 제국의 멸망과 함께 퍼플의 염색도 종말을 맞았다. 1453년 콘스탄티노플은 터키에게 점령당했고 황제 직영의 퍼플 염색 공장은 파괴되었으며 염색공들은 죽임을 당했다. 더불어 신의 선택을 받은 자의 색으로 오랜 시기에 걸쳐 비밀을 유지해 온 퍼플의 제조방법도 역사 속으로 사라지면서 신성한 의미가 내재된 퍼플에 대한 이념도 붕괴되었다.

존 게이지John Gage는 퍼플에 대한 당연한 상식이 오래 전에 상실된 것을 17세기 한 문장학 서적을 통해 밝혔다. 당시의 화가와 채색가들은 소위 퍼플을 어떤 색으로 써야 하는지 알지 못했다. 많은 이들이 당아욱색을 쓰고 어떤

19) 에바 헬러, 2002, pp. 106~107.

이들은 빨간 포도주색 그리고 또 다른 이들은 어두운 보라색인 오디색을 썼다. 퍼플이 '모든 다른 색들을 포함' 하고 있기 때문에 플리니가 그렇게도 높이 평가했다면 400년 전의 문장학 전공자들은 그와 똑같은 근거로 인해 오히려 반대된 평가를 내렸다. 즉, 보라색은 더 이상 순수하지도 않으며 모든 다른 색들을 합성해서 만들기 때문에 가장 천한 색으로 간주한다는 것이다.[20]

퍼플이 사라진 뒤에 보라색은 바이올렛으로 불렸다. 영어와 불어의 바이올렛violet/violette은 보라를 나타내는 색이름인 동시에 꽃이름이다. 화학물질 요오드iodine도 바이올렛에서 나온 이름이다. 요오드의 어원 요온ion은 고대 그리스어로 바이올렛을 뜻한다. 요오드를 가열하면 바이올렛과 같은 보라색 증기가 발생한다.

바이올렛과 폭력의 언어적 근접성도 눈에 띈다. 이탈리아어 비올라viola는 바이올렛을 가리키지만 비올렌티아violentia는 '폭력' 을, 비올라레violare는 '폭력을 행사하다' 라는 뜻이다. 영어와 프랑스어의 violence, violation도 폭력을 의미한다. 바이올렛과 폭력권력의 언어적 근접성은 바이올렛 퍼플violet purple이 지배자의 색이었던 역사적 사실에 근거해서 설명할 수 있다. 바이올

08 바이올렛, 퍼플이 사라진 뒤 보라색은 바이올렛으로 불렸다.

20) 마가레테 브룬스, 2000, p. 202.

09 얀 반 에이크의 〈아르놀피니의 결혼식〉 1434. 중세 이후 보라색은 당시의 가장 값비싼 색인 빨강의 영향으로 붉은 기미를 띠게 되었다. 세속화된 보라색은 부를 상징한다.

10 푸아종 향수. 신학의 세계를 떠난 보라색은 화려함과 사치, 에로틱함, 관능, 매력과 매혹 등 가장 아름다운 죄악의 색이 되었다.

21) 에바 헬러, 2002, p. 98.
22) 마가레테 브룬스, 2000, p. 207.
23) 에바 헬러, 2002, p. 117.

렛의 색인 보라는 퍼플로 권력의 색이 되었고 바이올렛의 이름은 폭력 권력의 이름이 되었다.[21]

신성한 의미가 배제된 보라색은 세속화되었다. 퍼플이 사라진 뒤에는 빨간색 케르메스 염료가 가장 비싼 색으로 부상했고 보라색은 이 빨간색의 영향으로 붉은 기미를 띠게 되었다. 얀 반 에이크Jan Van Eyck의 그림 〈아르놀피니의 결혼식The Arnolfini Marrage〉에는 붉은 기미를 띠는 보라색 복식이 등장한다. 테오도라 황후의 퍼플 복식 이후 거의 천 년이 지난 뒤에 나타난 보라색 복식은 부와 성공을 나타내는 신분적 상징으로 전락되었다.[22]

세속화된 보라색은 부의 상징과 함께 화려하고 사치스러운 색, 매혹적이고 매력적인 색, 에로틱하고 관능적인 색으로 가장 아름다운 죄악의 색이 되었다. 허영이나 사치는 오늘날의 눈으로 본다면 중죄라고 할 수 없지만 기독교의 전통에 따르면 사형으로 다스렸던 일곱 가지 중죄 가운데 하나였다. 복장 규정이 있던 중세에는 허영이 설교의 중요한 주제였다. 보라색의 이러한 특성은 오늘날 종종 상업적으로 이용되고 있다. 크리스티앙 디오르의 '푸아종Poison' 향수는 보라색으로 포장되어 있다. 향수의 이름 '푸아종'은 독을 의미한다. 위험할 정도로 매혹적이라는 의미이다. 런던에 있는 영국의 궁정보석상 애스프레이Asprey도 빨강 띤 보라를 상징색으로 쓴다. 보석함도 흔히 보라색 벨벳으로 장식되어 있다. 초콜릿 포장으로 늘 인기 있는 색채도 보라나 연보라이다. 보라는 달콤한 죄의 색이기도 하다.

보라색은 에로틱함, 관능적인 것을 상징하기도 했는데, 시인 키츠Keats는 '보라색으로 도배한 달콤한 범죄의 궁전'을 동경했으며, 오스카 와일드Oscar Wilde는 금지된 섹스를 '회색시대의 보랏빛 시간'이라고 불렀다.[23]

최초의 인공적인 색, 모브

1856년 최초의 합성염료로 보라색이 개발되었다. 15세에 런던의 왕립화학대학에 입학한 윌리엄 퍼킨William Perkin은 말라리아의 특효약인 키니네quinine 를 합성하는 실험에 열중했으나, 그의 기대에는 어긋나게 키니네 대신에 적갈색의 침전이 생겼다. 이것을 물에 넣고 끓여 보니 뜻밖에도 아름다운 보라색의 용액이 생겼다. 이 보라색 아닐린 염료는 염색 후 태양광선이나 세탁에도 상당한 저항력을 지닌 것으로 나타났다. 하지만 영국의 염색공들은 이 낯선 염료를 사용하지 않았다.[24]

그로부터 30년 뒤 프랑스 리옹에 있는 비단 직조공장은 퍼킨의 아닐린 염료의 특허가 프랑스에서는 유효하지 않다는 사실을 발견하고는 자체적으로 염색법을 개발하였고, 이를 말로우mallow 꽃의 섬세한 이름을 따서 모브mauve 라 명명하였다.[25] 그 이름이 보라색명이 되어 지금까지 전해지고 있다.

이 인공염료 모브는 천연염료 시대의 퍼플보다 밝고 선명하여 브라이트 퍼플bright purple이라고도 하며 더 연한 것은 꽃의 이름인 헬리오트로프heliotrope 라 부른다. 이 꽃의 향기는 향수에도 사용되기 때문에 화장품의 이미지를 살려

11 최초의 합성염료로 말로우 꽃을 이용하여 보라색 모브가 개발되었다.

24) 세계 최초의 인조염료 아닐린의 출현으로 인해 인류의 색채 문화는 큰 변화를 맞게 되며 보라색은 최초의 합성염료라는 명예를 갖게 되었다.
25) 호퍼 & 월치, 1990, p. 14.

주는 색으로도 흔히 쓰이고 진한 색은 팬지 퍼플pansy purple이라 부르며 그레이프 grape 등과 같은 과일 색명으로도 불린다.[26]

최초의 합성염료로 개발된 보라색은 1890년대에 크게 유행하여 이 시대를 '모브의 시대'로 불렀다. 패션의 색채는 대체로 환하고 부드러운 완두콩색sweet pea, 모브, 어프 화이트off-white 등 파스텔 색조가 주를 이루었으며, 어린 소녀들에게는 흰색, 성숙한 여인들에게는 모브색 복식이 가장 큰 인기를 얻었다. 합성염료의 개발로 인해 일반 대중도 보라색 복식을 입을 수 있게 되었기 때문이다.[27]

12 1895년의 보라색 드레스. 합성염료의 개발로 일반대중도 보라색 복식을 입을 수 있게 되면서 1900년을 전후해서 보라색 드레스가 크게 유행했다.

13 구스타프 클림트의 에밀리 플뢰게의 초상1902. 아르누보시대의 화가 클림트의 그림에는 당시의 유행색인 보라색 의상을 입은 여인들이 자주 등장한다.

모브는 1890년대 프랑스에서 시작된 세기말 예술양식fin de siecle에서도 큰 인기를 누렸다. 세기말 예술양식은 1900년대에 영국으로 넘어가 '아르누보art noveau'로 불렸으며 독일에서는 '유겐트스틸jugendstil'로 불렸다. 당시는 산업의 발전으로 모든 것을 인위적으로 생산할 수 있게 여겨졌으며 자연스러운 것은 단순한 것으로 멸시를 받던 시대였다.

아르누보 양식의 미학에는 반드시 보라색이 필요했다. 보라색 가구가 있는 보랏빛 살롱은 생활문화의 정점으로 평가되었다. 아르누보 양식의 예술가 구스타프 클림트Gustav Klimt가 그린 매혹적인 여인들도 대부분 은색과 금색이 배색된 보라색 옷을 입고 있다. 보라, 은색, 금색은 아르누보 양식의

26) 하용득, 1992, p. 193.
27) 마셜, 1988, p. 218.

자유분방한 인위성의 전형적인 색조이다. 당시의 회화 작품에서 1차색은 거의 찾아볼 수 없는데, 인위적이지 않은 것은 예술이 될 수 없었던 시대였다.[28]

28) 에바 헬러, 2002, pp. 118~119.

페미니즘의 색

20세기의 보라색은 빨강과 파랑이 혼합된 색으로 남성과 여성의 결합을 상징하는 페미니즘의 색으로 사용되고 있다.

1908년 영국 여성인 에멀린 페틱 로렌스Emmeline Pethick-Lawrence는 보라, 하양, 초록을 여권운동의 색으로 발표했다. "지배자의 색인 보라는 여성의 투표권을 위해 싸우는 모든 여성의 혈관 속에 흐르고 있는 왕의 피를 상징한다. 이는 자유와 품위에 대한 여성의 자각을 의미한다. 흰색은 사적인 삶과 정치적인 삶에서 정직함을 상징한다. 초록색은 새로운 시작에 대한 희망을 상징한다."

보라, 하양, 초록은 프랑스 대혁명 이후 모든 자유운동의 상징이 삼색기였듯이 여성운동을 상징하는 세 가지 색이었다. 여성운동을 상징하는 색은 모든 여자들이 옷장 속에 가지고 있어서 새로 구입할 필요가 없는 색, 일상적으로 보이지만 여성운동의 색임을 명백하게 드러내는 색이어야 했다. 이런 효과는 한 가지 색으로는 얻을 수 없었다. 당시 여성들은 대개 흰 블라우스와 흰 스커트 또는 보라색 스커트를 가지고 있었다. 보라색 스커트는 아르누보의 시대인 1900년을 전후하여 대단히 유행했다. 초록은 언제나 일상복의 색이었다. 여권론자들은 데모를 할 때 보라, 하양, 초록의 넓은 리본을 달았다.

여권론자들은 평상시에도 그런 색상의 옷을 입었는데, 보라색으로 가장자리를 장식한 초록색 옷을 입거나 하양 모자에 보라색과 초록색 깃털을 꽂기도 했다. 여권운동이 절정에 달했을 때에는 보라, 하양, 초록의 구두와 장갑까지 있었다. 많은 남자들이 여권운동을 지지하며 그들의 색을 모자에 매는 리본과 넥타이에 사용했다. 여권론자들은 결혼할 때에도 보라색 꽃과 흰색 꽃

14 1908년 여성운동가들이 사용했던 표지. 보라색은 여성의 혈관 속에 흐르는 왕의 피를 상징한다. 이는 여성의 자유와 품위에 대한 자각을 의미한다.

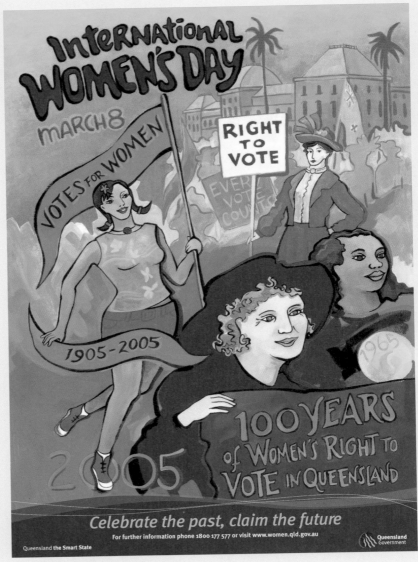

15 2005 국제 여성의 날 포스터

으로 부케를 만들었다.

1970년경 보라색은 다시 한번 여성운동의 색으로 유명해졌다. 여기서 보라
색은 빨강과 파랑, 여성과 남성의 결합을 의미한다. 비슷한 시기에 빨강과 파

랑, 여성적인 것과 남성적인 것이 혼합된 보라색은 동성애의 색으로도 사용되었다. '보라색 손The Purple Hand'은 미국의 '남성 동성애 해방운동Gay Liberation'을 상징하는 색이었다. 하지만 보라색이 페미니즘의 색으로 등장하면서 1980년경부터는 무지개 깃발이 남성 동성애 해방운동의 상징이 되었다. 여성운동은 오늘날까지도 '여성의 유산 결정권'과 '동일한 노동에 대한 동일한 임금'의 목표를 달성하지 못하고 있는데, 이 목표를 추구하는 운동의 국제적인 표식은 여성적인 상징으로 그려진 보라색 주먹이다. 1980년경 연보라색 멜빵바지 유행을 마지막으로, 아직까지 새로운 페미니즘 유행이 나타나지 않았다.[29] 여성운동 100주년을 기념하는 국제 여성의 날 행사 포스터에도 여전히 보라색, 하얀색, 초록색의 옷을 입은 여성들이 등장하고 있다.

치유의 색

일본의 색채학자 스에나가 타미오는 보라색을 빨강과 파랑의 대립적인 색이 융화하여 탄생한 치유의 색으로 정의하였다. 그는 빨강과 파랑의 혼합색인 보라색에 내려진 부정적인 의미들을 정리하고 위기 상황에 처한 사람들이 왜 보라색을 필요로 하는지 의문을 가졌다.[30]

그는 보라색을 추구하는 기분 속에는 빨강으로 대표되는 감정의 앙양과 파랑으로 대표되는 감정의 침체를 융화시켜 균형을 잡으려는 욕구가 있는 것으로 보았다.

인간의 눈에 보이는 빨강에서 보라는 700~400나노미터의 파장을 가진 빛이다. 그 파장을 넘어서면 적외선 또는 자외선이 되어 인간의 눈에는 보이지 않게 된다. 인간의 시각에서 사라져 버릴 것만 같은 가장 짧은 파장의 보라는 우리들의 마음과 몸을 치유하는 효과를 가지고 있다. 보라색의 400나노미터의 파장은 세포 안의 광회복 효소를 자극해서 DNA와 RNA의 손상을 수복하는 것으로 알려져 있다. 그러므로 사람은 몸과 마음의 활동이 저하될 때나 아

29) 에바 헬러, 2002, pp. 120~122.
30) 일반적으로 빨강과 파랑의 혼합색인 보라색은 병적인 색이라는 인식이 널리 퍼져 있다. 20세기 중반의 색채 심리학이나 아동화의 연구가 계기가 되었다. 1947년으로 거슬러 올라가면 알슈라와 하트위크가 공동연구로 발표한 '페인팅 & 퍼스낼리티'에서 보라색을 사용한 유아에 대해 '침체된 기분이나 경험을 가진 불행한 아이'라고 보고하고 있다. 같은 해 국제심리학회에서는 스위스의 심리학자 M. 룩사가 컬러 테스트 심리학을 발표했다. 그는 보라색에 '정서불안을 가져 오는 신체의 기능부전'을 나타내는 의미를 덧붙였다. 이들의 연구에 자극을 받아 일본에서는 아동화에 대한 색채연구가 활발하게 이루어졌다. 1956년에 일본 아동화연구회의 아사리 아츠시가 출판한 《아동화의 비밀》 속에서도 보라색과 병의 관계가 언급되고 있다. 이와 같이 히로시씨는 '광기 · 불안 · 죽음'과의 관련을 지적하고 있으며, 지지이와 히데아키, 아카시 나오 등도 '우울', '심신의 불쾌', '불안' 등 보라색의 부정적인 의미를 지적하였다.

플 때 보라색을 아름답게 느끼며, 그 색을 선택한다. 보라를 통해서 보급된 에너지는 몸의 구석구석 세포 하나하나에 전해진다.[31]

스에나가 타미오는 인간의 생명력은 바로 균형을 회복하려고 하는 성질을 가지고 있으며 그러할 때 빨강과 파랑의 두 가지 색을 포함한 보라색은 갈등을 해소하려는 심리에 효과적인 작용을 하는 것으로 보았다. 즉, 보라색을 아름답게 느끼는 감각 그 자체에 회복하려고 하는 생명력이 나타나 있다는 것이다.[32] 스에나가 타미오 외에도 보라색의 치료효과에 대해 언급해 온 학자들은 많이 있다.

판차다시는 "신경증 환자와 신경쇠약자는 보라색이나 연보라색의 영기색 속에서 정신욕을 함으로써 치유될 수 있다."고 하였다. 배비트는 신경과민을 가라앉히는 전자기 작용의 중심과 극점은 보라색에 있고 혈관계를 진정시키는 전자기 작용의 극점은 파란색에 있으며 파란빛과 보라색의 빛에는 차갑고 전자기적이며 수축적인 성질이 있어서 이 두 가지 빛은 염증이 생겨났거나 신경성 질환에 걸린 모든 기관에 대해 진정 작용이 있다고 하였다.[33] 비렌은 파란빛과 보라색의 빛을 눈에 부어 주면 두통을 덜어 준다고 하였으며 남색은 구토와 치통을 치료하는 데 쓰인다고 하였다.[34]

보라색은 여성호르몬을 촉진시키고 기분을 좋게 하는 효능도 갖고 있다. 일본의 학자들은 보라색 계통의 색이 여성 호르몬의 내분비선을 왕성하게 하는 색으로 출산을 한 여성을 방문하러 갈 때에는 자색의 꽃을 가지고 가는 것이 산후 회복이 빠르다고 하였으며, 여성은 진보라색 옷을 입으면 마음이 상냥해진다고 하였다.[35] 헤세도 여성은 보라색 빛을 받으면 내분비선의 활동이 증가한다고 하였다.[36]

고대에도 보라색은 치료 효과를 가지고 있었다. 달팽이에서 추출한 보라색 염료는 육아조직의 성장을 막거나 종기에서 고름을 뽑아낼 때 사용되었다. 고대에서는 그 약의 효험이 보라색의 신성한 의미와 관계있는 것이라고 믿었다. 오늘날 방부제의 재료로 쓰이는 칼슘 산화물이 형성되기 때문에 효험이 생긴다는 것을 알지 못했다.

31) 스에나가 타미오, 2003, p. 74.
32) 스에나가 타미오, 2001, pp. 82~84.
33) 파버 비렌, 1995, pp. 95~97.
34) 박은주, 1989, p. 291.
35) 준이치 노무라, 1990, p. 163.
36) 파버 비렌, 1995, p. 100.

보라색 바이올렛 꽃도 치료 효과를 가지고 있었다. 사람들은 바이올렛의 향기가 두통과 숙취를 막아 줄 것이라고 믿었기 때문에 성대한 파티가 열리면 바이올렛 화관을 썼다. 보라색 보석인 자수정도 같은 효과를 가지고 있다고 믿었다. 자수정 애미시스트 amethyst라는 이름을 갖게 된 것도 그 때문이다. 이 단어의 어원 amethysos는 그리스어로 '술에 취하지 않는다' 는 뜻이다. 이 오래된 미신은 논리적으로도 설명된다. 고대의 상류사회에서는 자수정 잔을 술잔으로 사용했다. 그런데 자수정 잔에는 물을 따라도 포도주처럼 보이기 때문에 술에 취하고 싶지 않으면 계속 물만 마셔도 아무도 눈치 채지 못했다.[37]

보라색은 불면증 치료에도 사용되었다. 고대인은 자수정이 수면을 도와 준다고 믿었으며, 오늘날 향수나 향료의 재료로 많이 사용되고 있는 바이올렛 오일은 중세에 수면제로 사용되었다.

이와 같은 보라색의 치료 효과는 과학이 발달한 현대 사회에서도 상용되고 있다. '향기의 여왕' 으로 불리는 라벤더는 수많은 허브 가운데 가장 많이 알려진 품종이다.

라벤더는 라틴어로 '씻는다 lavare' 는 뜻에서 유래했는데, 예로부터 입욕제로 사용되어 왔기 때문이다. 유럽에서는 마리아의 식물로도 불리는 라벤더가 청결, 순결을 상징하기도 했다. 중세에는 세탁물의 향을 내는 데도 사용되었으며, 화장실에 놓아 두고 파리를 구충하는 데 사용되었다.

현대 사회에서도 라벤더는 정신안정과 진정작용, 살균과 방충효과가 있는 것으로 알려져 있다. 아로마 요법에서 라벤더 오일은 진정제로 이용되고 있다. 라벤더 향기는 신경계 및 감성의 균형을 잡아 주어 스트레스 해소에 도움을 주며 편두통에 효과가 있고 숙면을 취하게 한다. 또한 살균과 소독작용이 있어 가벼운 화상이나 벌레 물린 데 바르면 외상에 커다란 효과를 볼 수 있다. 이 성분으로 만든 화장수는 피부의 긴장을 완화시켜 주고 말끔하고 촉촉하게 재생시켜 주는 세정 효과가 있으며 여드름과 뾰루지 및 거친 피부에도 효과가 있는 것으로 알려져 있다.

라벤더로 끓여 마시는 허브차도 진정작용에 효과가 있다. 진통과 두통을 없

37) 에바 헬러, 2002, p. 108.

16 라벤더는 정신안정, 진정작용, 살균과 방충효과가 있다.

애 주며 기분을 전환시켜 숙면에 도움을 준다. 목욕이나 세안을 할 때에도 따듯한 물에 라벤더 오일을 몇 방울 떨어뜨려 주면 미용에는 물론 피로회복에도 도움을 준다.

현대 패션의 색

1815년 최초의 합성염료로 보라색이 개발된 이후 현대 패션에서는 다양한 색상과 색조의 보라색 표현이 가능해졌다. 현대 패션에서 보라색의 이미지는 로맨틱, 엘레강스, 시크, 댄디 이미지로 표현된다. 김은경 1996은 보라색 패션 이미지를 색조에 따라 로맨틱, 엘레강스, 시크, 댄디 이미지로 분류하였다. 연한 보라색은 로맨틱 이미지로, 보라색의 색감이 선명한 계열은 엘레강스 이미지로, 회색빛을 띤 탁한 보라 계열은 시크 이미지로, 어두운 보라 계열은 댄디 이미지를 전달한다.

　현대 패션에서 보라색의 이미지는 크게 연한 보라색의 이미지와 진한 보라색의 이미지로 나누어 볼 수도 있다. 보라색의 색이름이 대부분 꽃이름에서 유래하듯이 연한 보라색 계열은 라벤더, 모브, 라일락과 같은 꽃을 연상시키며 향기롭고 섬세하며 여성스러운 로맨틱한 이미지를 전달한다. 진한 보라색 계열은 앞서 살펴본 보라색의 위대한 과거를 내재하는 엘레강스, 시크, 댄디 이미지로 표현된다.

오래 전 과거에는 퍼플이 신성한 의미가 부여된 가장 아름다운 색이었다. 퍼플의 선호에 대해 아리스토텔레스, 플라톤, 플리니, 루크레티우스, 메난더 등 당시 최고의 학자들이 관심을 가지고 논의한 흔적이 문헌으로 남아 있다. 기원전 2000년 그 이전부터 15세기 동로마 제국이 멸망할 때까지 참으로 오랜 시기에 걸쳐 보라색 퍼플은 신의 선택을 받은 자의 색으로 일반인에게는 금지된 신비한 색이었다.

동로마 제국의 멸망과 함께 퍼플은 사라졌으며 그 이념도 붕괴되었다. 신성한 의미가 배제된 보라색은 세속화되었고 천상의 아름다움을 전하던 보라색은 부유함, 화려함, 에로틱, 매력, 매혹 등 세속화된 아름다움과 부를 상징했다. 이러한 특성은 상업적으로 이용되어 고급스러움, 품위, 아름다움, 매력을 나타내는 코드로 사용되어 왔다. 종종 오트 퀴튀르 패션에서 발견되는 보라색의 코드와 위대한 과거는 보라색에 내재되어 있다.

17 현대 패션에서 보라색은 로맨틱, 엘레강스, 시크, 댄디 이미지로 표현된다.

Achoromatic

Chapter 06

무채색

Chapter 06

무채색

무채색은 유채색[1]에 대응되는 말로 색상,[2] 채도[3]가 없고 명도[4]로만 구별되는 색을 말한다. 물리적인 면에서 볼 때 무채색은 가시광선을 구성하는 스펙트럼에서 각 색의 반사율이 거의 평행선에 가까운 특징을 가지고 있다.[5] 이때 반사율의 정도에 따라 밝기가 달라져 반사율이 약 85% 이상인 경우가 흰색이고, 약 30% 정도이면 회색, 약 3% 이하이면 검은색으로, 반사를 많이 할수록 밝은색으로 느끼게 된다. 색상이 없는 무채색은 흰색에서 검은색 사이에 이어지는 여러 회색단계를 만들며 그 명암의 차이에 의해 차례대로 배열할 수 있다. 즉, 흰색에서 검은색까지 무채색의 밝은 정도를 등분하여 배열하고 그 배열에 붙인 번호로써 색의 밝기를 구별하며, 이를 유채색을 포함한 모든 색의 명도의 척도로 삼고 있다.[6]

무채색은 온도감에서 따뜻하지도 차지도 않은 중성색인 것이 특징이다. 무채색은 크게 흰색, 회색, 검은색으로 나누어 색채특징을 설명할 수 있는데, 공

1) 채도가 있는 색상을 말한다.
2) Hue, 감각에 따라 식별되는 색의 종류, 즉 색채를 구별하기 위해 필요한 색채의 명칭이다.
3) Saturation, 색의 순수한 정도를 말하며 색채의 강약을 나타내는 성질을 말한다.
4) Value, 색의 밝기를 나타내는 성질로 밝음의 감각을 척도화한 것이다.
5) 김학성, 1991, p. 46.
6) 린다 홀츠슈에, 1999, pp. 107~118.

01 무채색의 명암단계

02 무채색을 이용한 색채구성 학생 작품

통적으로는 단순하고, 모던한 이미지를 전달하며 금욕적인 이미지, 절제되고
엄숙한 이미지, 차갑고 불길하고 불안한 이미지를 전달한다.

흰색은 이론적으로 물체 표면에 닿은 모든 빛을 반사하는 색이다. 흰색은
색이 없는 무색이기도 하나 실제로는 모든 색이 혼합된 색이라고 볼 수 있다.

흰색은 동·서양을 막론하고 깨끗함, 순결, 청정을 상징하는 색이다. 흰색은 단순함, 순수함, 깨끗함을 느끼게 하지만 지나치게 사용되면 공허함, 지루함을 주기도 한다.[7] 흰색은 명도가 최고로 높아 밝으며 가볍게 인식되는 색이다. 흰색은 색상에서 느껴지는 온도감은 없으나 우리가 흰색으로 느끼는 형광등의 빛이나 하얀 눈에서 느껴지는 온도감은 차가운 반면 우유의 흰색은 따뜻함이 느껴진다.

회색은 바래고 그늘진 느낌의 색으로, 흰색과 검은색의 성질을 골고루 가지고 있다. 회색은 흰색이 가지고 있지 않은 부드러움을 가지고 있으며 검은색이 가지고 있는 중압감이 없고 부드럽고 중도를 지키는 느낌을 준다. 그러나 회색은 제대로 손질되지 않아 거친 느낌을 주기도 하며, 회색 콘크리트 건물, 회색 공장, 곰팡이가 핀 회색 쓰레기, 공해에 찌든 회색 도시 등 품질이 낮고 거친 이미지를 연상시킨다. 또한 회색은 힘이 없는 색, 흰색이 더럽혀진 색, 강렬한 검정이 약화된 색으로 인지되기도 하며 독자적으로 보이기보다는 주위의 색에 맞추어지는 특성이 있다. 회색의 밝기를 결정하는 것은 회색 자체라기보다는 주변의 색이다. 주변의 색에 따라 같은 회색이라도 밝게 보이기도 하고 어둡게 보이기도 한다.[8]

검은색은 모든 색파장을 흡수하는 색이다. 검정은 위압감을 느끼게 하고 엄숙하며, 무겁고, 두려움과 죽음을 상징한다.[9] 흰색과 대조적으로 부정적인 이미지를 가져 무거움, 딱딱함, 좌절과 죽음, 공포 등의 이미지를 전달하며, 검정은 모든 빛을 흡수하기 때문에 복합적이고 깊은 느낌을 준다. 검은색이 유채색 사이에 사용되면 다른 색들을 더 선명하게 보이도록 하는 효과가 있으며 교회의 화려한 스테인드글라스는 테두리를 검은색으로 하여 색을 돋보이게 하고 장중하면서도 화려한 느낌을 준다.[10]

현대 패션에 적극적으로 사용되는 검은색은 그 자체는 화려함이 부족하나 다른 색과 배색할 때 강한 대비를 이루어 현대적이고 대담한 느낌을 주는 데 중요한 역할을 한다.

7) 윤지윤, 1998, p. 30.
8) 미셸 파스투로, 2003, p. 57.
9) 박현일·최재영, 2003, p. 10.
10) 이홍규, 2003, p. 123.

흰 색

우리 민족의 색

예부터 우리 민족은 흰 옷 입기를 좋아했는데, 중국 문헌인 위지魏志에 의하면 부여시대의 사람들이 이미 백의를 입고 있었다고 한다. 백의를 애용하게 된 것은 태양과 하늘을 숭상하여 이를 상징하는 흰색을 일상의 생활 속에 살려내고자 하였기 때문으로 생각된다.[11] 이 때문에 우리 민족은 백의민족이라고 일컬어져 왔다. 흰색은 모든 색을 어우르는 색으로 여겨져 왔으며 우리 민족은 흰색을 아무런 티도 없는 백색이라 하여 신성시하였고 선호하였다.

03 백색과 흑색이 조화를 이루는 대표적인 선비들의 복장

조선시대 흰색에 대한 선호는 대단하여 태어나자마자 입는 배내옷에서 시작하여 땀 흘려 일하는 농부들이 입던 일상복, 검소한 선비나 학자의 평상복, 특별한 제사나 의식에서 차려 입던 제복, 그리고 죽음을 맞이하는 자들이 입던 상복 등의 착용으로 잘 나타나고 있다. 이렇듯 출생에서 죽음에 이르기까지 흰색은 몸을 감싸온 우리 민족의 가장 대표적인 색이다.

흰색에 대한 우리 민족의 선호는 시대와 지위의 상하를 막론하고 이어져 왔다. 조선시대에는 즉각적으로 감정을 드러내는 것은 점잖지 못한 것으로 여겨져 본능적인 감정이 드러나는 얼굴은 일종의 색이 있는 것으로 인식했다. 감정이나 감각을 억제하고 인격과 형식, 규범을 중요시 생각하였던 유교사상에 의해 흰색은 자연에 귀착하고, 자연과의 동화를 의미하는 색으로 생각하여 선호되었다.[12] 일상생활에서 입는 한복도 흰색이 주를 이루었다. 의복의 흰색은

11) http://100.naver.com

04 강희삼 姜熙杉, 사인시음 士人詩吟

삼이라는 식물의 속 줄기 껍질로 길쌈을 하여 짜낸 베나 저마의 껍질을 벗겨 내어 겉껍질을 훑어 내고 가늘게 길쌈을 하여 짜낸 모시 직물의 색에서 유래가 되고 있다. 원래 베나 모시천의 색상은 약간의 갈색을 띠고 있으나, 생모시를 도토리나무를 태운 재에서 내려 받친 잿물에 표백을 하여, 하얗고 따스한 느낌이 드는 부드러운 흰 색상으로 바꾸어 옷을 지어 입었다. 길쌈한 그대로의 모시를 생모시라 하고, 생모시를 완전히 표백한 것을 뉜모시, 반쯤만 표백한 것을 반저모시라 하였다. 생모시의 빛깔은 마른 볏짚의 연한 갈색조이고 뉜모시는 차갑고 푸른 기운이 전혀 없는 흰색이다. 모시, 베와 함께 고려시대 말에 서민들에게 많이 입혀진 무명 또한 흰색에 가까운 색이었다.

흰색 선호는 의상에서 뿐만 아니라 일상생활에서도 드러나는데, 음식의 흰밥, 숭늉의 뜨물색, 탕의 흰색, 흰떡, 송편 등 대부분의 음식이 흰색이거나 색이 있어도 채도가 낮은 것이 특징이다.

이와 같은 우리 민족의 흰색에 대한 사랑은 조선시대의 절제, 검소, 결백의 미덕이 성리학의 이념과 잘 부합되었기 때문이며, 임금이나 왕비의 국상 때 흰색 옷을 입게 한 풍속 등이 이러한 흰색을 강화시킨 것으로 생각된다.

순결한 신부의 색

흰색 웨딩드레스는 순결의 상징이다. 하지만 웨딩드레스가 처음부터 흰색으로 입혀진 것은 아니다. 고대 그리스시대에는 악령을 쫓는다는 의미에서 붉은색 웨딩드레스를 착용하였으며, 고대 로마에서는 신부의 예복으로 행운의 상

12) 문은배, 2002, p. 258.

13) 김효정 외, 2005, pp. 9~12.

징인 노란색 옷을 입고 붉은색의 베일로 신부의 얼굴을 가렸다. 그리스도교인들은 흰색 또는 보라색의 옷을 입기도 하였고, 중세에는 결혼이 권력과 재력을 얻는 수단으로 이용되며 가문마다 세력 과시를 위해 다양한 색상을 호화롭게 사용하였다. 가장 많이 사용한 것은 붉은색이었고 흰색은 상복색으로 사용되어 결혼예복과는 거리가 멀었다. 르네상스 초기에는 중세의 영향으로 붉은색이 가장 많이 사용되다가 16세기 말엽에는 스페인의 영향으로 검은색이 사용되기도 하였다.

흰색 웨딩드레스의 전통은 16세기 정도부터 시작된 것으로 보인다. 그 이전에는 드레스의 색채보다는 재질이나 레이드 등의 장식이 더 중요한 요소였으므로 대부분의 신부들이 가장 좋은 드레스를 입고 결혼식을 올렸다.

흰색 웨딩드레스를 입는 영국과 프랑스의 결혼식 풍습이 16세기 작가들의 글에서 처음 언급되었는데, 흰색은 신부의 처녀성을 시각적으로 보여 주는 것으로 너무 명백하고 공개적인 선언이었기 때문에 150년 동안 영국에서는 흰색의 결혼 복장에 대해 논란이 많았다고 한다. 어찌되었든 하얀 웨딩드레스는 젊은 여성들에게 결혼 전의 순결을 선언하는 수단이며 또한 순결한 처녀로 결혼식에 이른 여성에 대한 도덕적이고 사회적인 칭찬이다. 오늘날에도 웨딩드레스는 흰색이며 이는 신부가 순결하고 청초하며 깨끗하다는 것을 표현하고 있다.

오늘날과 비슷한 형태의 흰색 드레스는 1820년대에 빅토리아 여왕이 앨버트 왕자와의 결혼식에서 왕실의 전통적인 은빛 드레스 대신에 흰색 드레스를 선택하면서 시작되었다. 흰색 드레스는 쉽게 때가 타거나 또는 지속적인 세탁으로 낡게 되어도 다시 옷을 마련할 수 있는 부를 가진 여성만이 입을 수 있었으므로 신분과 부의 상징이기도 하였다.[13] 그런 상징성이 웨딩드레스를 흰색으로 자리잡게 한 데 큰 영향을 주었다고 할 수 있다.

전 세계적으로 신부의 복장은 순수함과 풍요로움, 부유함, 취향, 사회적인 지위를 나타낸다. 흰 베일을 두른 머리장식, 꽃으로 장식

05 영국 찰스황태자와 다이애너의 결혼식

된 액세서리 등은 전 시대, 모든 세대를 통해 신부복과 조화를 이루는 요소들이다. 진주가 순수성의 의미로 드레스에 사용된 것은 로마에서 유래되었고, 목선에 수를 놓은 듯한 트리밍은 르네상스시대 프랑스에서 나타났다. 흰색 레이스는 가장 오래된 신부 드레스의 소재로 이탈리아나 프랑스 등에서 사치성을 이유로 사용 금지령까지 내린 적이 있으나 오늘날까지도 흰색 드레스의 대표 소재로 계속 사용되고 있다.

포멀formal한 드레스셔츠의 색

오늘날 남성 정장 안에 입는 흰색 셔츠는 그 기원을 이집트에 둔다. 당시에는 직사각형 천을 반으로 접은 관두의貫頭衣식이었고 속옷으로 사용되었다.

기본적인 형태인 T자형은 계속 이어지다 14세기경 노르만 지방의 귀족에 의해서 현재 셔츠 모양을 갖추게 된다. 그 당시의 셔츠 디자인은 패션이 아닌 환경에 의한 것으로 목을 감싸서 추위를 막고 보온유지를 위해 고안된 것으로 보인다. 스칸디나비아어로 '스키르타skyrta'라는 옷의 명칭으로부터 유래되어 '스키르테scyrte'라는 명칭을 거쳐 16세기경 '셔트shirt'에 이르게 된다. 그 원래의 의미는 '짧은 상의'라는 뜻으로 현재 흔히 발음하고 있는 '와이셔츠'라는 호칭은 잘못된 것이며 영어의 '화이트셔츠white shirts'의 일본식 발음이 와전되어 굳어진 것인데, 정확한 호칭은 '드레스셔츠dress shirts'이다.

16세기경부터는 장식을 많이 한 겉 의복에 따라 셔츠도 화려해져 프릴, 러플을 달아 착용하였다. 그 후 프랑스 혁명이 의복에 큰 변화를 가져와 19세기경부터 오늘의 셔츠 모양이 형성되었다.

1850년에는 풀먹인 커프스가 있었고, 1960년경부터는 떼었다 붙였다 할 수 있는 커프스가 사용되었으며, 줄무늬·물방울무늬의 면셔츠도 나오게 되었다.

20세기에는 백색셔츠 외에 색상이 있는 셔츠가 나왔고, 깃도 부드러운 것이 사용되었다. 현재의 드레스셔츠의 기본 틀은 19세기에 들어와서 완성되었고 20세기로 들어오면서 여러 가지 디자인으로 변화되었다.[14] 검은색 수트 안에

14) 타이콘 패션연구소, 1997, pp. 114~134.

06 정장 안에 흰색 드레스셔츠를 입은 영국신사

는 흰색 드레스셔츠를 입는 것이 가장 예의를 갖춘 복장으로 품위 있고 위엄 있는 이미지를 보여 준다.

사회·문화적 맥락에서 화이트칼라white-color는 정신 노동자를 가리키며 육체적 노력이 요구되는 일을 하더라도 실제로는 상품생산과는 전혀 무관한 일을 하는 사람을 가리킨다. 노동자를 가리키는 블루칼라blue-collar와 대비되는 개념으로 흰색 드레스셔츠dress shirts를 입은 데서 그 용어가 파생된 것으로 볼 수 있다. 화이트칼라의 범주에 속하는 집단은 대개 경영인, 사무직, 판매직 등에 종사하는 사람들로 구성되는데, 이들은 신중산계급의 핵심세력이기도 하다. 정치적으로는 자본가와 노동자의 중간 위치에서 권력 참여기회의 가능성을 의식하여 보수적이며 권위주의적 경향을 띠고 있다.

슬픔의 색

흰색과 검은색은 슬픔과 죽음을 표현하는 대표적인 색이다. 우리나라의 상복은 전통적으로 흰색을 사용한다. 흰색 상복은 종교적인 의미에서 환생을 뜻한다. 환생을 믿는 사람에게 죽음은 세상과의 마지막 작별이 아니다. 환생에 대한 믿음이 널리 퍼져 있는 아시아에서는 전통적으로 하얀 상복을 많이 입는다. 하얀 상복은 눈부신 흰색이 아니며 광택이 나는 소재를 사용하지도 않는다. 서양에서의 검은 상복이 그렇듯이 하얀 상복도 슬픔을 표현한다.

07 남녀 상복

유럽에서도 예전에는 하얀 상복을 많이 입었으며 장례식 때는 여자들이 커다란 흰 천으로 머리와 상체를 가리는 지역도 있었다. 여왕과 왕비는 하얀 상복을 입었는데, 그들은 특별한 지위에 있었기 때문에 평범한 사람들이 입는 검은 상복을 입지 않았다. 성모마리아도 슬픔에 잠긴 성모로 그려질 때는 하얀 망토를 두르고 있다.[15]

15) 에바 헬러, 2002, p. 234.
16) 이경희 외, 2006, p. 325.

청결하고 위생적인 색

청결과 위생이 요구되는 병원에서 사용하는 의사의 가운, 간호사의 유니폼과 식당의 조리사, 실험실의 가운 등은 모두 흰색이다. 흰색의 의복은 시각적으로도 청결한 느낌을 줄 뿐 아니라 오염을 바로 발견할 수 있어 기능적으로도 적절하다. 청결을 위해 사용하는 비누나 세제도 대부분 흰색이 사용되고 있다.

피부의 청결을 유지하기 위해 착용하는 속옷은 몸에 직접 닿는 의복으로 대부분 흰색이며, 색이 있다 하더라도 엷은 색이다.[16]

08 드라마 〈하얀거탑〉에서 의사 가운

09 위생복

주방기구들은 1960년 이전까지 모두가 흰색이어서 '백색 상품'이라는 별칭까지 얻었다. 현재까지도 냉장고는 흰색이 주 색상으로 식품의 맛과 신선도를 보존하기 위해 위생적이어야 한다는 이미지와 일맥상통한다. 그 외의 가전제품, 가스레인지, 그릇들도 대부분 흰색이 많이 사용되고 있다. 흰색 그릇은 깨끗하고 밝은 느낌으로 어떠한 음식물도 돋보이게 해주며 위생적으로 보인다.[17]

단순한 미니멀리즘의 색

미니멀리즘minimalism[18]은 기본적으로 예술적인 기교나 각색을 최소화하고 사물의 본질만을 표현했을 때 현실과 작품과의 괴리가 최소화되어 진정한 리얼리티가 달성된다는 믿음에 근거하고 있다. 미니멀리즘은 제2차 세계대전을 전후해 시각 예술 분야에서 출현한 후로 음악, 건축, 패션, 철학 등 여러 영역으로 확대되어 다양한 모습으로 나타나고 있다. 미니멀리즘의 특징은 극단적인 단순성과 간결성, 기계적인 엄밀성, 명료성이라 할 수 있다. 따라서 여기에 사용되는 대표적인 색도 무채색이다.

회화와 조각 등 시각 예술 분야에서는 대상의 본질만을 남기고 불필요한 요소들을 제거하는 경향으로 나타나 최소한의 색상을 사용해 기하학적인 뼈대만을 표현하는 단순한 형태의 미술작품이 주를 이루었다. 미술작품에 있어서는 1960년대 미술이론가이기도 한 도널드 주드Donald Judd의 작품이 대표적이다. 음악에서의 미니멀리즘은 1960년대 인기를 끌었던 필립 글래스Philip Glass의 단조롭고 반복적인 합주곡처럼 기본적으로 안정적인 박자에 반복과 조화를 강조하였다. 건축 디자인에서는 소재와 구조를 단순화하면서 효율성을 추구하는 방향으로 나타났으며, 루드비히 미스반 데어 로에Ludwig Mies van der Rohe, 리차드 풀러Richard Buckminster Fuller 등이 대표적 인물이다.[19]

이 외에도 미니멀리즘은 생존에 필요한 최소한의 소유만을 주장하는 금욕주의 철학, 복잡한 의식을 없애고 신앙의 근본으로 돌아가려는 종교적인 흐름 등 많은 영역에 영향을 미치고 있다.

17) 조동제 외, 2001, p. 229.
18) '최소한도의 최소의 극미의'라는 minimal에 'ism'을 덧붙인 단어로 최소주의를 말한다. 패션에서는 여분이 될 만한 것을 완전히 잘라낸 단순하고 직선적인 스타일을 말한다.
19) 케네시 베이커, 1995, pp. 8~17.

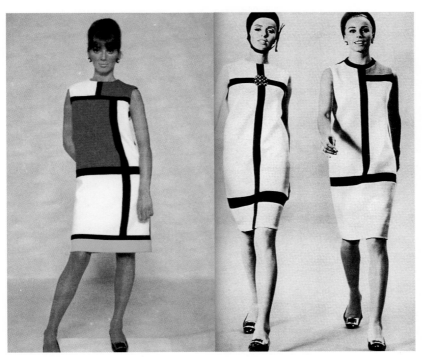

10 몬드리안 룩

　패션에서 미니멀리즘의 특징은 장식을 배제하고 극도로 단순한 의상이면서, 동시에 단순한 선과 정제된 표현이므로 곡선보다는 직선을, 다채로운 색채보다는 흰색, 검정 등의 무채색을, 화려한 장식보다는 실용성을, 인공적인 소재보다는 자연소재를 선호하는 경향이 있다. 흰색은 색의 단순성을 나타내므로 미니멀리즘을 표현하기에 가장 적합한 색이다. 1965년 이브 생 로랑 Yves Saint Laurent은 몬드리안 룩[20]이라 불리는 검은색과 빨강, 노랑, 파랑 등을 배색하여 선과 형으로 구성되는 단순한 실루엣의 흰색 저지 원피스에 기초를 둔 미니멀리즘을 반영한 의상을 선보였다.

엠파이어 스타일의 섬세함을 드러내는 색

19세기 초부터 시작된 엠파이어 스타일empire style은 1789년 프랑스 대혁명

20) Mondrian Look, 네덜란드의 추상화가 몬드리안의 작품에서 영감을 얻은 디자인으로 수직선, 수평선, 장방형, 정방형의 형태와 공간구성에 의한 기하학적 형태와 단순하고 직설적인 색채 사용이 특징이다.

11 Gerad, Mme Barbier-Walbo
nne 1796

12 엠파이어 스타일

이후 나폴레옹이 집권한 제정시대에 착용된 속옷과 같은 검소하고 단순한 디자인의 드레스를 말한다. 일명 슈미즈 가운chemise gown[21]이라고 하며 슈미즈 가운의 대표적 소재는 섬세하고 얇은 흰색의 머슬린이다. 인체의 아름다움을 자연스럽게 표현하려는 의도가 지나쳐서 인체의 윤곽이 그대로 드러나기도 하고 몸에 더욱 밀착된 효과를 얻기 위하여 얇은 머슬린을 물에 적셔 입기도 하였다. 겨울철에도 얇은 머슬린에 대한 여성들의 광적인 유행은 사라지지 않아 폐렴 환자와 그로 인한 사망자가 속출하기도 하였다. 이것은 당시 이상향으로 꿈꾸던 고대 그리스 의복과 비슷한 간결하고 직선적이며 자연스러운 스타일을 재현한 것이다.[22]

영화 〈엠마〉에서 기네스 팰트로는 고전적이면서도 여성스러운 1800년대식의 낭만적인 엠파이어 드레스를 입고 있다.

검은색

품위와 권위의 색

권위 있는 검은색의 유행은 스페인에서 유래되었다. 1490년부터 스페인이 세계의 패권을 잡았을 때 카를로스Carlos 1세는 스페인의 왕인 동시에 신성로마제국의 황제를 겸했고 오스트리아, 네덜란드를 지배했다. 그는 매우 경건한 사람으로 신앙심이 깊었으며 항상 검은색의 수도복을 입었고 고백성사와 기도로 하루를 시작하였으며, 식사시간에도 성서를 낭독하게 하였다. 그의 아들

21) 속옷을 연상시킬 정도로 얇고 단순한 특징에서 비롯된 것으로 가슴선이 높이 올라간 하이웨이스트, 깊게 파 내려간 둥근 목선, 짧게 부풀린 소매, 부드럽게 허리선 아래로 주름져 내려오는 폭이 넓지 않은 치마로 이루어져 있다. 특히 엠파이어 스타일은 고대 그리스의 여신처럼 자연스럽고 우아한 느낌으로 인체의 움직임에 따라 흐르는 듯한 주름의 율동적인 아름다움을 표현하고 있으며 이전 시대의 코르셋corset으로부터 여성을 해방시켰다.
22) 정흥숙, 1991, pp. 111~117.

펠리페Felipe 2세도 이를 이어받았으며 당시 스페인의 지도자들은 모두 검은색 옷만 입었다.[23] 당시 유럽을 지배한 스페인 패션의 색채는 유럽 전역에 검은색 옷을 유행시켰다.[24] 검은색처럼 어두운 색조로는 화려함을 표현하기 어려웠으므로 값비싼 비단과 양모직물로 고귀한 존엄을 표현하였다.

13 연미복

검은색은 유채색을 사용했을 때 나타날 수 있는 위험 요소가 없으며, 외부와 경계를 세우며 무게와 의미를 부여하고 의복으로 관심을 끌 필요가 없는 인품을 충분히 지녔다는 우아함을 표현해 준다. 이런 점은 특히 보수적인 남성복 패션에서 두드러진다. 우아한 양복과 연미복은 항상 검은색이 사용된다. 검은색의 남성 정장은 점잖고 고상한 남성을 만들어 주고, 여성의 검은색 드레스는 자극적이지 않은 우아함을 표현해 준다. 검은색의 드레스는 여성의 인체곡선을 풍만하게 표현해 주며 빛에 따라 명암을 드리워 곡선미를 살려 준다.

천주교의 수녀복이나 신부복은 세속적인 것에서 탈피하여 엄숙하고 절제된 금욕의 이미지를 나타내 주며 개신교 역시 검은색을 제례복으로 사용하고 있다. 가톨릭 교회의 착취에 대한 시민들의 봉기로 성공한 종교개혁은 1571년 아우구스틴Augustin 수도회의 수사이자 도덕철학 교수인 마틴 루터Martin Luther가 면죄부 거래에 항의하면서 시작되었다. 루터는 죄를 지은 자는 속죄를 해야 하며, 죄의 용서는 면죄부를 사는 것으로 이루어지지 않는다고 말했다. 루터는 설교 때 색이 있는 제례복을 입지 않는 것으로써 가난한 자나 부자나 하느님 앞에 평등하다는 신념을 표현하였다. 루터가 입었던 장식이 없는 검은 설교복은 당시 평범했던 겉옷이었고 검정은 당시의 복식 규정에서 누구나 입을 수 있는 옷이었다. 하느님 앞에서 모두가 평등하므로 다른 사람과 같은 옷을 입는다는 것이 그의 신념이었다.[25] 이러한 전통은 현재에도 이어져 성직자의 의복색으로 선택되는 검은색은 극도로 절제되고 엄숙한 분위기를 자아낸다. 이와 비슷하게 대부분의 경우 법관의 색은 검은색이다. 이는 검은색이 가지고 있는 위엄과 무게감을 표현한다고 하겠다.

우리 민족은 흰색의 옷에 갓을 썼는데, 갓 중에서 가장 대표적인 것은 조선

14 영화 〈성 메리 성당의 종〉에서 신부 · 수녀복

23) 에바 헬러, 2002, p. 196.
24) 막스 폰 뵌, 1998, pp. 256~247.
25) 이경손, 1998, p. 60.

26) 국립민속박물관, 2005, p. 39.

15 흑립

시대 사대부들이 머리에 썼던 검은빛의 흑립이다. 조선시대에 중인 이상의 신분에 속한 남자들이 바깥 출입을 할 때 착용하는 대표적인 머리장식인 흑립은 대오리로 대우와 양태의 테를 만들고 말총을 엮어 만들었다. 흑립이라는 용어는 갓의 표면에 검은 옻을 칠한 데서 생긴 말이다.[26] 갓은 섬세한 올 사이로 햇빛과 바람, 눈과 비를 받아내는 동시에 상투와 망건을 은은히 밖으로 드러내는 투명함을 지니고 있다. 검은색의 흑립은 흰색의 의복과 대조되며, 직선과 곡선이 절묘하게 조화된 간결한 형태는 고결하고 엄격한 멋을 보여 준다.

관능적인 색

16 란제리

검은색은 잠재의식 속에서 쉽게 다가설 수 없는 신비스러움과 두려움, 금지의 이미지를 지닌다. 검은 의상은 엄격한 느낌이 들기도 하지만 검은 옷을 입은 여성은 완전히 드러나지 않는 감추어진 무언가에 대한 호기심을 불러일으킬 수 있다. 그래서 검은색은 관능적인 매력을 더하며 검은색 레이스 스타킹이나 슬립드레스 같은 속옷은 섹시하게 보인다.

1790년 영국 페미니즘 이론가인 매리 월스톤크라프트Mary Wollstonecraft가 여성의 권리 요구를 발표한 후 시작된 페미니즘은 남녀의 성적 차이를 인정하고 여성의 성적 매력을 표현하는 페미니즘 복식에 영향을 주었다.

1960년대에는 검정 레이스 속옷이 유행하였고 여성의 인체에 대한 관심이 증가되면서 인체의 곡선을 가장 잘 드러낼 수 있는 검은색이 전반적으로 유행하게 되었다. 이러한 경향은 1990년대에 유행한 란제리 룩으로 재현되었으며 신체에 밀착되는 검은색 가죽과 코르셋, 레깅스, 검은색의 기괴한 부츠 등은 페티시fetish 패션과 함께 유행되어 중요한 패션의 하나가 되었다.[27]

현대적인 아르데코의 색

아르데코art deco[28] 스타일은 시대적으로는 프랑스 제2제국의 붕괴와 공화국이 수립되면서 열린 새로운 시대를 배경으로 하고 있으며 2차에 걸친 세계대전으로 사상과 철학의 새로운 방향을 찾으려는 움직임 속에서 발생하였다. 대량생산에 따른 상품의 저질화에 반대한 장식미술계의 운동인 아르누보art nouveau[29]는 소량생산을 주장하면서 아름다운 곡선과 화려하고 장식적인 형태를 제시하였으나, 아르데코는 20세기에 어울리는 기계에 의한 공업생산적방식과 결합시켜 직선을 강조하고, 단순하며 기능적인 형태로 대량생산에 적합한 형태를 제시하였다.[30]

아르데코 스타일은 미국의 엠파이어스테이트 빌딩empire state building과 크라이슬러 빌딩chrysler building에서부터 극장의 실내 장식과 작게는 가정용냉장고부터 전자제품, 보석 디자인에 이르기까지 활용되었으며 전 세계적으로 인기가 높았다. 아르데코는 우아한 디자인을 창조하려고 노력했으며 흰색공간과 강한 인상을 주는 장식적인 글자체와 색상 등이 적당히 대조를 이룸으로써 우연히 발생되는 효과를 최대한 이용하였다.

아르데코 스타일은 현대에도 많이 응용되는 스타일로 특히 카페 또는 호텔로비에 실내디자인으로 많이 응용되고 고급스런 액세서리에도 많이 이용되고있다.[31]

아르데코의 색채는 검은색으로 대표할 수 있는데, 아르데코의 검은색은 세련되고 차가운 이미지를 주면서 다른 색과의 배색 시에 강하게 대비를 이루어현대적이고 대담한 느낌을 주는 데 중요한 역할을 하였다.

27) 채금석, 1995, p. 234.
28) 아르데코는 1925년 파리에서 개최된 '장식미술 전시회Exposition des Art Decoratif'에 연유하여 붙여진 이름으로, 파리 중심의 1920~1930년대 장식미술을 지칭한다. 아르데코라티프art dcoratif : 장식미술의 약칭이며, '1925년 양식'이라고도 한다.
29) 아르누보는 19세기 말에서 20세기 초에 걸쳐서 유럽 및 미국에서 유행한 장식 양식으로 자연의 모든 유기적 생명체 속에 있는 근원적 조건으로 돌아가려는 경향 속에서 율동적인 섬세함과 유기적인 곡선의 장식패턴이 특징이다. 물질적 풍요와 향락적·퇴폐적 분위기를 드러내는 신흥 부르주아를 새로운 지배계급으로 한 부유층의 문화적·도회적 양식이다. 대표적인 작가로 구스타프 클림트Gustav Klimpt, 알퐁스무하Alfons Mucha, 안토니오 가우디Antonio Gaudi 등이 있다.
30) 이윤주, 1992, pp. 59~63.
31) 페닉스 파크, 1990, p. 117.

17 Pas de eux

사회에 대한 반항의 색

20세기에 들어서면서 급속한 산업화와 도시화의 영향으로 사회규모가 점차 커지고 복잡해지면서 이질성과 유동성이 증대되었고 복잡한 사회구조 속에서 주류 문화에 속하지 못하는 구성원이 증가하게 되었다. 이들은 심리적으로 소외감과 좌절을 느끼고 그들만의 독특한 행동 양식을 가지게 되었다.[32] 이러한 변화에 의해 형성된 하위 문화는 패션에 있어서도 스트리스 스타일street style을 만들어 내게 되었다. 하위 문화는 기성 문화에 대한 반항을 표현하며 과격하고 자극적인 특성이 있다.

검은색 의복을 즐겨 착용한 비트Beats는 원래 1940년대 후반 보헤미안적 생활 양식과 동양의 신비주의에 몰입하면서 부르주아 사회의 얽매임을 거부하였던 당시의 젊은 지식계급을 말한다. 이들은 실험적이고 신비적인 시와 소설, 약물과 알코올을 즐겼고 코스모폴리탄cosmopolitan[33]임을 자처하였다. 1957년 당시의 베스트셀러 작가인 케루액Kerouac의 소설 《길 위에서on the road》 중 스타일에 무관심한 비트 세대라는 단어가 등장하는데, 이 책을 읽은 청소년들이 스스로를 비트라 부르며 그 스타일을 추종하였다.[34] 비트는 계속하여 세게 친다는 뜻의 동사로 1950년대 미국 대학생과 지식인, 예술가를 중심으로 나타났으며, 미국사회에서 생활의 단조로움, 사회 전체에 만연된 순응주의, 정치의 무의미성, 진부한 대중 문화의 현실을 경멸하면서 의상에서는 현란함이나 화려함을 완전히 배제하였다. 비트족beats은 검은색의 의복에 염소수염을 기르고 베레모와 샌들을 즐겨 착용하였는데, 이는 프랑스 공연을 하였던 미국의 재즈음악가들이 베레모와 검은색 의복을 즐겨 입던 당시 프랑스의 실존주의자들과 교류하면서 그들의 복식에 영향을 받았고 당시 재즈의 열광적인 팬이었던 청소년들이 이를 모방하는 과정에서 나타난 것으로 보인다. 비트 스타일의 대표적인 형태는 창백한 얼굴을 한 젊은이가 온통 검은색 일

32) 유송옥 외, 1997, p. 273.
33) 어원적으로는 그리스어의 kosmos 세계와 polits 시민의 합성어로, 국가에 특유한 가치라든가 편견偏見 등을 부정하려고 사상이나 행동반경이 국제적인 넓이를 가진 사람을 말한다.
34) 유송옥 외, 1997, p. 280.

18 비트 스타일

19 펑크 스타일   20 록커 스타일

색의 가죽 수트, 외투, 털실로 짠 모자, 하이 터틀 네크라인의 검은색 스웨터 차림을 하고 안경을 쓰고 헤어스타일은 짧게 한 것이다. 그리고 검은색, 회색, 카키색의 데님이나 코듀로이의 진을 입고 맨발에 샌들을 신었다. 검정 가죽 재킷이나 웨스트 코트를 착용하기도 하였으며, 여성 역시 큰 사이즈의 검정 스웨터에 어두운 색의 짧은 스커트와 검은색 스타킹을 신거나 검은색 레오타 드 또는 회색이나 검은색의 드레스를 입고 검은색의 가죽부츠를 신었다.

펑크punk도 검은색 의복으로 사회에 대한 반항을 표현하였는데, 펑크는 1976년 런던의 번화가인 킹스거리King's Road를 중심으로 나타난 충격적이고 요란스러운 청소년 집단으로 '풋내기, 시시한, 쓸모없는'의 뜻을 가지고 있다. 20세기 이후의 복잡한 사회구조가 만들어 낸 소외감과 무관심 속에서 관심을 끌기 위한 일탈행동으로 나타난 펑크족은 혐오스러울 정도로 파괴적이고 기괴함을 나타내며 머리를 핑크나 초록색으로 염색하고 검은색 눈, 검은 입술 등의 기분 나쁜 화장을 하여 사람들에게 불쾌감을 주었다. 또 안전핀, 체인, 면도칼을 액세서리로 사용하고 고무나 플라스틱제의 팬츠, 마이크로 미니스커트, 플라스틱과 그물로 된 셔츠 등을 착용하여 반항적이고 공격적인 모습을 보여 주었다.[35] 펑크족들이 많이 착용한 압정이 붙은 검은 가죽 재킷은 록밴드

35) 김민자, 2004, pp. 181~183.

의 무대 의상에서 시작되어 젊은이들의 반항의 상징으로 록커나 갱 스타일의 의복으로 정착되었으며 현재까지도 유행되고 있다.

단순하고 모던한 색

영화 〈티파니의 아침〉에서 티파니 매장 안을 부러운 듯이 바라보며 빵 봉투와 커피를 들고 있는 오드리 헵번이 군더더기 없는 검은색의 미니 원피스를 입고 있는 장면이 있다.

서양에서는 전통적으로 상복이나 수도승의 수도복 그리고 과부의 옷 색으로 여겨졌던 검은색을 현대적 감각의 패션 색으로 만든 사람은 프랑스 디자이너 가브리엘 샤넬Gabrielle Bonheur Chanel[36]이다.

1926년 샤넬이 디자인 하여 리틀 블랙 드레스little black dress라고 명명된 무릎 길이의 단순한 원피스가 전 세계적인 유행을 일으켰는데, 기존의 길고 화려한 장식의 드레스와는 달리 리틀 블랙 드레스는 프랑스적인 우아함과 절제되고 모던한 감각의 세련미를 보여 주었기 때문이다. 이 드레스는 그 당시 여성들의 사회 참여에도 매우 적절한 패션 감각을 지니고 있었다.[37] 샤넬은 모든 형태의 윤곽선을 가장 잘 나타내고 형태를 가장 단순하게 표현할 수 있는 검은색을 선택하고 모든 장식을 떼어버려 단순하면서 기억에 남는 검은색 옷을 디자인 하였다. 샤넬은 검은색을 가장 클래식하면서도 도시적이고 또한 우아하면서도 섹시한 모습으로 변신시켜 줄 수 있는 멋진 색으로 만들었다.

리틀 블랙 드레스는 수십 년의 세월에 걸쳐, 매 시즌마다 전 세계 디자이너들의 손에 의해 새롭게 재해석되고 있다.[38] 아카데미 시상식에서 화려한 연예인이 입은 드레스에서도, 주부들의 평범한 원피스에서도 리틀 블랙 드레스는 자기 몫을 훌륭히 해내고 있다. 이는 검은색이 가진 특수한 매력 때문일 것이다. 검은색은

36) 1883년 8월 1일 프랑스 소뮈르에서 출생했다. 별칭은 코코Coco이다. 1910년 파리에 여성 모자점을 열고 모자 디자이너로 활동하였으나, 제1차 세계대전 후 여성복 디자이너로 전향하였다. 간단하고 입기 편한 옷을 모토로 하는 디자인 활동을 시작하여 코르셋 등 답답한 속옷이나 장식성이 많은 옷으로부터 여성을 해방하는 실마리를 만들었으며, 여성복에 저지라는 소재를 처음으로 사용하였다. 오늘날 샤넬 수트라고 불리는 카디건 스타일의 수트를 발표하여 유명해졌다.
37) 잉그리트 로쉐·베아테 슈미트 지음, 황현숙 옮김, 2001, p. 20.
38) 김영인 외, 2006, p. 171.

21 리틀 블랙 드레스를 입고 있는 오드리 헵번

모든 빛을 다 흡수한 색으로 화려함과 섹시함 그리고 은밀함·소박함·단순함 등의 여러 분위기를 연출할 수 있게 해주는 세련된 색이다.

여자를 가장 지적이면서도 섹시하고 우아하게 연출할 수 있는 색상이 검정이라는 것을 잘 알고 있었던 샤넬이 항상 검은색을 입고 다니는 것에 대해 디자이너 폴 푸아레Paul Poiret는 상복과 같은 검은색 옷을 왜 항상 입고 다니는지 궁금해 했다고 한다.

애도의 색

블랙코미디, 검은 돈, 암시장 등의 단어를 들지 않더라도 많은 부분 검은색은 부정적인 암시를 담고 있다. 기독교에서 검정은 죽음에 대한 슬픔을 의미한다. 죽은 자를 애도하는 사람은 검은 상복을 입고, 죄인을 데려가기 위해 지옥에서 온 사자도 검은 외투를 입고 있다.[39] 애도의 뜻으로 검은 옷을 입기 시작한 것은 영국의 빅토리아 여왕이 남편을 여의고 검은 옷을 입으면서부터였다고 한다. 그 후로 서양 여성들은 남편을 여의면 검은 옷만 입고 여생을 보내는 풍습이 생겼다.

검은색은 어둠, 슬픔, 죽음, 무상함을 상징하는 색으로서 서양에서는 죽은 자에게는 항상 검은 상복으로 예의를 갖추게 하는 것이 상식이 되고 있다. 사람의 마음을 원점으로 돌아가게끔 하는 원초적 이미지도 내포하고 있다. 그리고 죽은 자에 대한 영혼을 달래는 의미로서 죽은 영혼과 관련된 이미지는 동·서양을 막론하고 검은색이 가지고 있는 공통된 이미지이다. 검은색의 복장은 사람들의 마음을 억제시키고 감정의 흥분을 가라앉히는 효과가 있다.

청빈한 회색

회색 옷은 원래 염색을 하지 않은 직물로 만들었다. 그래서 수녀들과 수사들은 순종과 순결, 청빈의 이미지를 갖는 회색의 수도복을 입는 경우가 많다.

39) 에바 헬러, 2002, p. 183.

22 승복

23 영화 〈반지의 제왕〉에 나오는 회색의 간달프

성경에서 예수가 입었던 옷도 회색이며 순례자들도 회색옷을 입었다.[40] 영화 〈반지의 제왕〉에서 흰색의 간달프로 변모하기 전의 간달프는 회색 의상을 착용하고 있으며, 이는 청빈한 순례자의 이미지를 보여 준다.

노년을 연상시키는 회색은 나이가 들면서 머리카락이 회색으로 변화하는 것과 관련되어 있다. 그래서 회색은 깊은 깨달음의 경지에 이른 사람들의 이미지로 느껴지기도 한다.[41] 또한 회색은 흰색과 검은색처럼 한쪽으로 치우치지 않는 중도를 의미하며 흰색과 검은색에 비해 마음을 편안하게 해주어 승복의 색은 대부분 회색으로 되어 있다.

40) 에바 헬러, 2002, p. 232.
41) 에바 헬러, 2002, p. 235.

Special Color

Chapter 07

특수산

Chapter 07

특수색

화려한 금속색

금속색은 특정한 파장의 강한 반사로 인하여 지각되는 표면색이다. 즉, 금속 표면에 빛이 반사되어 시각을 통해 인지되고 그 고유한 색과 광택이 동시에 존재하는 것이다. 일반적으로 금속의 색이라 하면 금이나 은처럼 금속광택을 가지고 있는 노란색 혹은 흰색을 연상하게 된다.

이러한 금색과 은색은 실제 금·은과 연관되어 숭상의 대상이기도 하지만 욕망에 대한 부정적인 측면으로도 나타나고 있다. 금색은 대체로 태양과 동격 화한 성스럽고 귀중한 이미지, 권력을 나타내는 이미지, 화려한 이미지, 따뜻한 이미지, 영원한 이미지, 이상적인 이미지, 사치스러운 이미지, 욕망의 상징 등으로 표현되고 있으며, 은색은 순수한 이미지, 절제된 이미지, 여성적 이미지, 현대적 이미지, 차가운 이미지, 물질적 이미지, 경멸스러운 이미지, 우주에 대한 동경 등으로 표현되고 있다.[1]

그리스 신화에는 아득한 옛날 그리스인들이 잃어버린 황금빛 양의 털가죽을 북방의 나라 콜키스에서 찾아오는 영웅 이아손의 이야기가 있다. 이아손은 메데이아의 도움을 받아 이 황금빛 양모피를 손에 넣는 데 성공한다. 이아손

1) 김수영, 2008, pp. 6~28.

은 그리스인들의 잃어버린 자존심을 되찾은 영웅인 셈이다.[2] 이 외에도 헤스페리스의 황금사과, 황금비가 된 제우스, 황금 손을 가진 미다스 왕, 아폴론의 황금 지팡이 등 황금 또는 황금색에 대한 이야기가 자주 등장하고 있으며, 오즈의 마법사에 등장하는 서쪽마녀의 은구두, 한국전래동화의 황금 표주박, 황금을 버린 형제, 황금 대들보, 금도끼 은도끼 등 금과 은을 소재로 하는 많은 신화와 전설 그리고 동화가 여러 문화권에서 전해지고 있다.

금속을 입다, 미래를 상징하는 은색

1969년 미국 아폴로 11호가 인류 최초로 달 착륙에 성공함으로써 인류는 과학혁명의 시대를 열게 되었다. 앙드레 쿠레주, 파코 라반, 피에르 가르댕 등은 우주에서 영감을 받은 스페이스 룩space look을 제시하였다.

1960년대 패션 디자이너 중 프랑스의 앙드레 쿠레주는 우주시대에서 영감을 받은 패션에 전념한 디자이너[3]로 1960년대에 본딩 bonding된 저지와 합성물을 이용하여, 디자인한 아방가르드 룩은 오늘날에도 지속적으로 영감을 주고 있다.

금속성 직물로 만들어진 코트는 드라마틱한 우주시대의 룩을 보여 주는 동시에 외부적인 요소로부터 인체를 완벽하게 보호해 준다.[4]

한편 프랑스의 패션 디자이너 파코 라반은 혁신적인 소재 사용으로 유명하다. 1960년대 그는 알루미늄이나 플라스틱 판을 체인으로 엮은 의상을 만들어서 떠오르는 청년문화youth culutre에 부응하였다. 그는 '실과 바늘 대신 펜치를 사용하여' 드레스를 만들었다고 묘사한다.[5] 피에르 가르댕, 앙드레 쿠레주, 웅가로의 작품이 테일러링 전통의 중요한 부분을 차지하는 반면, 파코 라반의 디자인은 보석 세공에서 발전하였다. 파코 라반은 작은 플라스틱과 금속 조각을 연결함으로써 완전한 의상을 창조하였다. 반짝이는 작은 쇳조각과 금속 원반을 금속 링으로 연결하여 이브

01 앙드레 쿠레주의 금속성 직물로 만든 우주시대 룩

2) 이윤기, 2000, pp. 16~26.
3) 게르트루드 레흐너트, 2000, p. 69.
4) 사라 E. 브래독 외, 1999, p. 106.
5) 헤이워드 갤러리, 1998, p. 57.

02 파코 라반의 플라스틱
　 판을 체인으로 엮어
　 만든 의상

03 파코 라반의 미니 이브닝드레스

04 1970년대 파코 라반

닝드레스evening dress를 만들었으며, 데이드레스day dress는 구리 못으로 가장자리를 고정한 가죽조각으로 구성하였다. 절단기와 펜치를 사용하여 제작한 파코 라반의 이러한 의상은 외관이 우선시되었고, 편안함은 그 다음의 문제였다. 나체로 보이기 위하여 살색의 보디 스타킹body stocking 위에 의상을 입기도 하였다. 이러한 파코 라반의 디자인은 1960년대 컬트적인 지위를 차지하였다.[6]

20세기 말, 패션에서의 금속색 수용은 단순한 외관의 차원을 넘어 하이테크를 활용한 고기능성 소재로 나타나게 된다.

금속의 아름다운 외관과 물리적 성질을 직물과 결합시키면, 아름답고 기능적인 재료를 만들 수 있기 때문에, 금속섬유와 미세한 코팅에 대한 많은 연구가 이루어지고 있다. 그 중 하나가 분사spattering인 금속 가루의 미립자를 섬

6) 밸러리 멘데스 외, 1999, pp.
　 170~171.

유나 기본 직물의 표면에 진공 코팅하는 방법이다. 영구적 처리가 가능한 이 기술은 합성섬유에 더 적합하며 손세탁, 기계세탁도 가능하다.

7) 사라 E. 브래독 외, 1999, p. 106.

분사는 50개의 특허권을 가지고 있는 일본 스즈토라Suzutora 회사의 마사유키 스즈키Masayuki Suzuki가 개발하였다. 광택이 없는 표면과 광택이 있는 표면 등 다양한 미적 효과를 얻을 수 있으며, 염색에 안전한 폴리아미드 수지로 된 얇은 코팅을 우선적으로 사용하여 색을 입힐 수도 있다. 이렇게 전위적으로 보이는 직물은 금속 함유량과 합성물의 열가소성을 이용하여 열처리된 주름을 만들 수도 있고 엠보싱과 주름잡힌 양각 표면이나 전체적으로 입체적인 형태를 만들 수도 있다.

직물 위에 금속 코팅을 하면 새로운 미를 창조할 뿐만 아니라 여러 장점을 얻을 수 있다. 직물에 분사된 스테인리스스틸은 여러 기후 조건에서 저항력이 있고, 얇은 구리 코팅은 섬유에 항균성과 방취성을 부여한다. 또한 금속 코팅한 직물은 정전기 발생을 막아 줄 수 있고, 텔레비전과 컴퓨터 모니터에서 나오는 전자파를 감소시킬 수 있다.

1990년 레이코 수도는 이 가공법을 이용하여 스테인리스스틸 직물을 개발하였다. 크롬, 니켈 그리고 철 용액은 평직 폴리에스테르 위에 미세하게 스프레이된다.

이러한 직물은 실크와 같은 감촉을 가지며, 매우 정교하고 유연한 금속의 형상을 지니게 된다. 이것은 거의 조각과 같은 특성을 지니며 형태를 보존해 줄 수 있고 의복으로 사용되었을 경우 몸에 달라붙지 않는다.[7]

코팅은 최근 몇 년 동안 많이 사용되어 온 가공법으로, 전통 직물과 현대 직물 모두에게 하이테크에 의한 미래적인 느낌을 준다. 코팅을 하면 의복에서 흥미로운 대비 효과와 심지어 재미있는 끝마무리 효과를 얻을 수 있다.

기술적인 코팅은 극도로 얇은 필름에서부터 두꺼운 코팅에 이르기까지 모든 형태의 직물에 적용되어 변화를 주는데, 빛을 반사하기도 하고, 무지개처럼 반짝이기도 한다. 또 직물의 표면을 까칠까칠하게 만들 수도 있고, 종이와 같은 촉감으로 만들 수도 있다. 뿐만 아니라 고광택 네온이나 홀로그래픽 등

05 마크 아이젠의 금속 조끼

모든 영역의 색과 빛의 효과를 나타내는 것이 가능하다.

마크 아이젠의 '금속 조끼'는 금속 코팅된 직물로 만들어졌다. 이것은 단순한 형태를 인상적인 하이테크 패션으로 변화시킨 것이다.

또한 '스테인리스스틸을 분사한 합성물'은 우주시대 룩을 나타내기 위하여 선택된 직물로 실크의 유동성과 금속의 외관을 결합시켰다. 모델의 얼굴을 가림으로써 초자연적인 효과를 높이고 있다.[8]

06 알렉산더 맥퀸의 스테인리스스틸을 분사한 합성물

교토에 근거지를 둔 일본의 텍스타일 디자이너인 고지 하마이는 티타늄과 스테인리스스틸 금속 직물로 된 작품으로 유명하다. 그의 1995년 작품 '마른 생선'은 미래적인 외관을 지닌 의상으로, 열로부터 절연체 역할을 하는 스테인리스스틸을 미세하게 분사 코팅한 100% 부직포 폴리에스테르로 만들어졌다. 이 직물은 자외선과 전자파로부터 착용자를 보호하는 동시에 통기성을 유지한다.

같은 해의 작품인 '그라데이션'은 100% 양방향 스트레치 폴리아미드 직물로 만들어졌다. 이 직물은 티타늄을 얇게 분사 · 코팅하였는데, 분사과정에서 간섭 효과를 줌으로써 그라데이션 효과가 나타나게 되었다. 이 의상은 전자파, 자외선 그리고 적외선으로부터 착용자를 보호하는 동시에 피부가 숨을 쉴 수 있게 하고, 열기와 냉기를 차단해 주기도 한다.[9]

듀퐁사가 개발한 택텔tactel을 사용한 저지 직물은 촉감을 특별히 부드럽게 만들기 위하여 아주 미세한 청동 포일foil층을 표면에 씌웠다. 하이테크와 기능성, 그리고 패션을 결합시켜 마침내 직물에 견고한 금속을 입히는 가공에 성공한 것이다. 택텔은 접착제로 붙이거나 포일을 접착한 후에도 직물의 드레이프성을 유지한다.

그림 9의 금속제 상의는 직물로 액상수은을 모방하기 위한 가공을 하였다. 이 상의는 소매에 소모킹 스티치로 디테일 장식을 하였는데, 이러한 디테일은 고도의 손재주를 요하는 전통적인 작업과 하이테크 소재를 결합한 것이다.[10]

8) 사라 E. 브래독 외, 1999, p. 91.
9) 사라 E. 브래독 외, 1999, p. 126.
10) 사라 E. 브래독 외, 2006, p. 15.

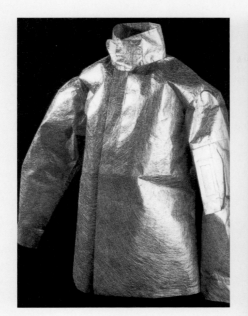

07 고지 하마이의 마른
생선

08 고지 하마이의 그라데이션

09 I. E. uniform 2002-2003 F/W

빛을 발하는 형광색

형광fluorescence, 螢光이란 물질이 빛의 자극에 의해서 발광하는 현상을 말한다. 빛 에너지를 받은 물질이 새로운 빛을 내는 것이므로 반사와는 다르며, 쪼인 빛을 제거해도 계속 발광하는 인광과도 구별된다. 형광은 조사광照射光을 제거하면 바로 소멸해 버리는 성질이 있다.

형광으로 나오는 빛은 일반적으로 조사광보다 파장이 길기 때문에 물질의 반사색이나 투과색과는 다른 색을 띤다. 자외선 등 에너지가 강한 광선을 사용하면 많은 물질들이 형광성을 나타내게 된다. 형광도료螢光塗料, fluorescent paint는 단파장의 가시광선이나 자외선보다도 단파장의 방사선이나 전자선이 닿으면 형광을 발하는 형광체 안료를 주체로 한 도료이다. 일반 도료보다 명도, 채도, 선명도, 명시도明視度가 높은 특징 때문에 광고나 교통표지 등에 많이 사용[11]되었으나, 최근 패션에도 그 사용빈도가 높아지고 있다.

형광 노란색과 형광 연두색은 스포츠웨어에서 악센트 컬러accent color 또는 하이라이트로 사용되며, 메인 컬러main color와의 색상대비에서 스포츠의 역동적이고 활력 있는 속도감을 느끼게 해준다.

이러한 형광 색채는 스포츠웨어에서 영감을 받아 여성복에서는 자극적이면서도 기능적인 룩으로 나타나게 되었다.

크리스티앙 디오르의 2001년 S/S 작품인 밝은 노랑 재킷은 안전색상, 패딩 칼라collar와 앞판, 긴급 시에 잡아당길 수 있는 탭으로 구성되어 구명 재킷 스타일을 모방하였다. 그리고 소매에는 스포티한 줄무늬가 있다. 카무플라주 camouflage ; 변장 내의와 메시mesh 타이즈를 입고 있으며, 이 룩은 기능적인 것과 도발적인 것을 함께 보여 준다.[12]

어두운 곳에서 작업하는 사람들이 가시성이 높은 색을 사용하는 것은 매우 중요한 일이다. 그러나 패션 디자이너들도 이러한 색을 선호한다. 강렬한 색과 선명한 색상들은 패션쇼에서 매우 인기가 높다.

블로킹blocking ; 여러 색의 직물을 함께 봉제 컬러는 스포츠의 역동적 이미지를

11) 두산백과사전 EnCyber & EnCyber. com
12) 마리 오마호니, 2002, p. 146.

10 크리스티앙 디오르의 스포츠 룩 2001 S/S

11 스포츠에서 영감을 얻은 크리스티앙 디오르의 작품 2001–2002 F/W

나타낸다. 예를 들어 검정 바탕에 빨강 줄무늬는 속도감을 전달하며, 형광 노랑, 청록색, 마젠타나 라임그린색은 아웃도어웨어에서 악센트나 하이라이트 컬러로 사용된다. 검정, 회색 그리고 네이비 블루 직물은 빛을 반사시키는 실버와 브론즈 메탈릭 표면으로 직물을 빛나게 할 수 있다. 스포츠웨어와 도시 패션에서 반사되는 장식으로 사용되는 색상대비는 명쾌하고 실용적이라고 할 수 있다.

그러나 현대 패션의 스포츠 룩에 있어 형광색은 더 이상 중요한 색으로 인식되지 않으며, 스포츠 룩은 예전보다 덜 야한 색을 사용하게 되었다. 미니멀리스트 스타일의 간결한 재단과 은은한 장식 그리고 로고가 들어간 단색상이나 두 가지 색조의 재킷이 대부분이다.

스포츠웨어에서 악센트로 사용되는 프린트는 패션에도 자주 사용된다. 최

13) 마리 오마호니, 2002, pp. 146~
148.

근 프린팅 기술의 발달로, 롤러나 스크린은 더 이상 필요하지 않으며, 전사 프린트와 디지털 프린트 기술은 새로운 룩을 창조할 수 있게 되었다.

그림 11은 크리스티앙 디오르의 2001−2002 F/W 작품으로, 스포츠에서 영감을 받은 밝은 색채가 눈에 띄는 디자인이다. 또한 후드가 달리고 편안한 재단을 한 기능적 스타일이다.[13]

이처럼 형광색은 의복에 시각적 악센트 색으로 사용될 뿐만 아니라, 현대적 도시 패션에도 지대한 영향을 준다. 여러 형광색을 사용한 유아적 패턴의 프린트는 스포츠 룩의 새로운 면을 보여 준다.

영롱한 무지개색

12 한장군놀이, 무희의 색동

무지개rainbow는 공기 중의 물방울에 의해 태양광선이 반사·굴절되어 나타나는 일곱 빛깔의 원호를 말한다. 무지개는 그 색채에 대한 화려함과 상징성으로 수많은 전설을 가지고 있다.

중국과 아메리카 인디언들은 무지개가 연못의 물을 빨아올림으로 인해 생기는 것으로 생각해 왔으며, 한국에서는 무지개 현상을 보고 홍수를 예견하기도 하였다.

이에 반하여 아메리카인디언들은 물을 빨아올림으로 인해 가뭄의 원인이 된다고 생각했고, 동남아시아의 원시민족들은 아침 무지개는 신령神靈이 물을 마시기 위해 나타내는 것으로 여겼다. 무지개가 선 곳을 파면 금은보화가 나온다는 전설이 있는 나라도 있다. 아일랜드에서는 금시계가, 그리스에서는 금열쇠가, 노르웨이에서는 금병과 스푼이 무지개가 선 곳에 숨겨져 있다고 믿었다. 성서에서는 노아의 홍수 후 신이 다시는 홍수로써 지상의 생물을 멸망시키지 않겠다는 보증의 표시로서 인간에게 보여 준 것으로 보았다. 그리스신화에서 아이리스Iris는 무지개의 여신이며 제우스의 사자使者로 알려져 있다. 또한 북유럽 신화에서는 무지개가 하늘과 땅 사이를 잇는 다리로 해석하기도 하

13 은율 탈춤 중 양반춤, 최괄이와 말뚝이의 색동

고, 아프리카의 바이라족族은 지상신至上神, 말레이반도의 원주민은 하늘나라 14) 두산백과사전, EnCyber & EnCyber.com
의 거대한 뱀 또는 뱀이 물을 마시러 온 것이라고 생각했다.

무지개를 타고 뱀이나 용이 물을 마시러 내려 온다는 전설도 적지 않다. 동남아시아에서는 무지개를 신령이 지나다니는 다리라고 해석했다. 한국 전래 동화에도 선녀仙女들이 깊은 산속 물 맑은 계곡에 목욕하러 무지개를 타고 지상으로 내려온다는 전설이 있다.[14]

세계 각 지역에서 오랜 역사와 함께 전승, 발전하여 온 민속복에는 그 지역의 독특한 정서, 사상, 의식, 감정 그리고 역사성과 문화성이 내재되어 있다. 이러한 다양한 문화적 배경과 특성에도 불구하고, 다채로운 색채, 즉 무지개와 같은 색은 여러 문화권에서 귀하게 여겨졌으며, 숭배의 색이며 벽사辟邪의 의미로 인식되어 중요한 의식이나 행사에 주로 이용된다.

14 중국 요족의 민속복

15 중국 장족의 민속복

15) 사라 E. 브래독 외, 1999, p. 176.
16) 사라 E. 브래독 외, 1999, p. 86.
17) 사라 E. 브래독 외, 1999, p. 118.

여러 가지 빛깔의 천이 이어져 시각적으로 경쾌한 느낌을 주며 무지개 같은 오색 영롱한 색채감정을 느끼게 하는 우리 민족의 색동도 여러 문화적 전통 속에서 생활과 밀접한 관계를 가지고 사용되어 왔으며, 현재에도 한국적인 이미지를 전달하는 데 많이 사용되는 소재 중의 하나로 활용되고 있다.

인공의 무지개, 홀로그래픽

현대 과학과 기술의 발달로 직물의 신소재 개발이 가능해졌고, 혁신적인 외관과 인공적으로 합성된 색채가 발전하게 되었다. 현대 패션의 색채는 매우 급진적으로 변화하고 있으며, 과학기술의 영향으로 색채의 영역이 보다 확대되고 있다.

홀로그래픽holograp hic이란 홀로그램레이저 광선의 간섭현상에 의해 발생되는 패턴 사진을 적용하여, 일상적인 빛의 조건하에서 포일, 플라스틱, 직물 등에 3차원 입체효과를 나타내는 것이다.[15]

16 미치코 고시노의 홀로그래픽 의상

오늘날 보호복 또는 패션용 소재로 빛을 굴절시키거나 반사하는 직물에 대한 수요가 증가하고 있다. 최근 새로운 라미네이팅 기술로 홀로그래픽 직물을 만들 수 있는데, 이 홀로그래픽 직물은 3차원 환영 효과를 내며 시선을 끄는 묘한 아름다움을 창조한다. 유동적이고 금속성이 있는 직물을 만들기 위하여, 폴리아미드나 폴리에스테르 직물에 티타늄, 플라티늄 또는 스테인리스스틸을 라미네이팅하는 것으로 아주 얇은 금속층을 만들기 위하여 진공봉합기가 사용되어, 직물의 드레이프성은 근본적으로 변화하지 않는다.[16]

'플리츠 플리즈Pleats Please' 컬렉션으로 유명한 이세이 미야케가 1996년 S/S 컬렉션에서 홀로그래픽 직물을 사용하였다. 이것은 홀로그래픽 가공처리한 단섬유 폴리아미드로 만들어져, 공상과학적이고 미래지향적인 이미지를 창조하였다. 투명한 직물은 피부를 배경으로 희미하게 반짝이고 있다.[17]

미소니의 줄무늬 개방형 드레스

이탈리아의 디자이너들은 오랫동안 자국의 수공예 전통을 이어왔다. 이러한 전통에 신선한 감각을 더하여 그들의 디자인을 세계 패션에 소개하였다. 1973년 니트웨어 디자이너 로시타Rosita와 오타비오 미소니Ottavio Missoni는 기계 편물에서 혁신성을 인정받아 니먼 마커스 패션상Neiman Marcus Fashion Award을 수상하였다. 그들은 줄무늬의 무지개색, 텍스처의 실 그리고 불꽃 같은 디자인에서부터 지그재그 무늬까지 독특한 패턴을 소개함으로써 니트웨어의 위치를 예술적 경지로 끌어올렸다. 다른 많은 이탈리아 회사들처럼, 미소니 사社는 미소니 가족 전체의 재능을 활용하였다.

그림 17은 미소니의 1968년 여름 작품으로, 검정과 비비드 색상의 줄무늬로 된 헐렁하고, 착용하기 편하며, 가벼운 니트 드레스이다. 이것은 개방형으로 펼쳐지는 패널형으로 만들어져서 통풍이 잘 되고 신체를 시원하게 유지해 준다.[18]

그 후에도 미소니는 니트웨어의 대표작을 계속 디자인했다. 1970년대 초반까지 수요는 절정에 달했고, 10년 후에도 미소니의 디자인은 클래식으로 인정을 받았으며 그들의 연구와 개발은 신진 디자이너에게 본보기가 되고 있다.[19]

17 미소니의 줄무늬 드레스

페라가모의 무지개색 플랫폼 샌들

1930년대, 가죽끈이 달린 높은 굽의 샌들을 이브닝 드레스와 함께 신었으며, 앞이 트여서 발가락이 보이는 디자인도 1931년경 소개되었다. 프랑스의 신발 디자이너 로제 비비에Rofer Vivier는 1930년대 중반 플랫폼 창을 최초로 개발

18) 밸러리 멘데스 외, 1999, pp. 202
～204.
19) 밸러리 멘데스 외, 1999, p. 245

20) 밸러리 멘데스 외, 1999, pp. 86~87.

했으며, 1936년에는 혁신적인 이탈리아 제화업자인 살바토레 페라가모Salvatore Ferrag amo가 최초의 웨지창을 만들었다. 페라가모가 1938년에 디자인한 무지개색 플랫폼 샌들Rainbow-colored platfo rm sandal의 끈은 금색 가죽으로 화려하게 만들어졌고, 층층이 코르크로 된 플랫폼 밑창은 무지개색 스웨이드로 감싸져 있다.[20]

18 코르크 밑창의 무지개색 플랫폼 샌들

이세이 미야케의 무지개 비행접시

1980년대는 새로운 세대의 일본 디자이너들이 세계 무대에서 중심적인 역할을 하게 되었다. 레이 가와쿠보, 요지 야마모토와 함께 이세이 미야케는 새로운 아방가르드 패션 그룹을 형성하였다.

이세이 미야케는 1980년대에 접어들어서 한층 더 현대적인 비전을 제시하였고 혁신적으로 새로운 소재와 의복 형태를 발전시켰다. 그는 실용성과 편안함을 결합한 유동적이면서도

19 이세이 미야케의 비행접시 flying saucer

유기적인 의상으로 가장 잘 알려져 있다.[21] 또한 패션, 공예품 그리고 조각을 혼합하여 입히기도 하고 전시도 되는 옷을 창조하였다. 그의 디자인은 고도의 철학적인 소재기술로 좌우된다.[22]

이세이 미야케는 겐조 다카다와 간사이 야마모토와 함께 헐렁한 레이어드 스타일 그리고 선명한 패턴으로 된 직물과 텍스처가 있는 능직을 창조했고, 서구 패션에게 혁신적으로 새로운 룩을 소개하였다.[23]

그림 19는 이세이 미야케의 1994년 S/S 의상이다. 친숙한 서구 의상 형태를 띠고 있지만, 이러한 실린더 형의 의상은 인체 둘레에 조각되어 전통적인 뒤와 앞의 형태를 갖지 않는다. 밝은 무지개 색채에서 종이등燈과 종이접기를 연상시키고[24] 그의 비행접시 주름은 착용자를 감싸서 중국의 초롱과 같이 펼쳐진다.[25]

21) 밸러리 멘데스 외, 1999, p. 233.
22) 헤이워드 갤러리, 1998, p. 66.
23) 밸러리 멘데스 외, 1999, p. 200.
24) 제르다 북스바움, 2005, p. 255.
25) 헤이워드 갤러리, 1998, p. 66.

국 | 내 | 문 | 헌

강병희. 청색이미지의 고찰에 의한 복식디자인. 연세대학교 대학원 석사학위논문, 1995.

고을환 · 김동욱. 디자인을 위한 색채계획. 미진사, 1996.

구미래. 한국인의 상징세계. 미진사, 1994.

구소형. 갈색으로 표현된 패션의 이미지와 색채 특성. 연세대학교 석사학위논문, 2006.

국립문화재연구소 편. 한장군놀이. 국립문화재연구소, 1999.

국립문화재연구소 편. 강릉단오제. 국립문화재연구소, 1999.

그림형제 지음, 김태성 옮김. 빨간 모자. 두두, 1995.

그림형제 지음, 우순교 옮김. 빨간 모자. 시공주니어, 1999.

금기숙. 조선복식미술. 열화당, 1987.

김영인 · 문영애 · 이영숙 · 이윤주. 시각표현화 색채구성. 교문사, 2003.

김영인. 색동이야기. in 색색가지 세상, 도서출판 국제, 2001.

김은경 · 김영인. 보라색 복식의 이미지 특성. 한국의류학회지. 제24권 3호, March, 2000.

김은경. 복식디자인을 위한 보라색 이미지의 고찰. 연세대학교 대학원 석사학위논문, 1996.

김지희. 식물염색전. 1996.

김진환. 색채의 원리. 시공사, 2002.

데이비드 바슬러 지음, 김융희 옮김. 색깔이야기. 아침이슬, 2002.

동아 TV. Collection. 2004 S/S.

동아 TV. Collection. 2006 S/S.

마가레테 브룬스 지음, 조정옥 옮김. 색의 수수께끼. 세종연구원, 2000.

맹문재. 한국근대여성의 일상문화. 국학자료원. 2004.

미셸 파스투로 지음, 고봉만 · 김연실 옮김. 블루. 색의 역사. 한길아트, 2002.

미셸 파스투로 지음, 전창림 옮김. 색의 비밀. 미술문화, 2003.

박성렬. 선택받은 색. 경향미디어, 2006.

박영순 · 이현주. 색채와 디자인. 교문사, 1998.

박은주. 색채조형의 기초. 미진사, 1989.

백영자 · 유효순. 서양의 복식문화. 도서출판 경춘사, 1998.

복식사전. 도서출판 라사라, 1992.

서울언론인클. 중국민속생활사 I . 서울언론인클럽출판부, 1994.

스에나가 타미오. 색채심리. 도서출판 예경, 2001.

스에나가 타미오. Color는 Doctor. 도서출판 예경, 2003.

시공디스커버리총서. 원색의 마술사 마티스. 시공사, 1997.

신상옥. 서양복식사. 수학사, 1994.

안데르센 지음, 이지연 옮김. 빨간 구두. 소년한길, 2002.

앨런 피즈 · 바바라 피즈 지음, 서현정 옮김. 보디랭귀지, 2005.

에바 디 스테파노. 구스타프 클림트 : 황금빛 에로티시즘으로 세상을 중독 시킨 화가, 위대한 예술가의 영혼과 작품세계. 예담, 2006.

에바 헬러 지음, 이영희 옮김. 색의 유혹. 예담, 2002.

요하네스 이텐 지음, 김수석 옮김. 색채의 예술. 지구문화사, 1994.

요하네스 이텐. 요하네스 이텐의 색채론. 상미사, 1992.

윤지윤. 무채색의 색채 이미지와 복식 디자인. 연세대학교 석사학위 논문, 1998.

이경희 외. 복식의 아이템. 경춘사, 2006.

이사도라 던컨 지음, 구희서 옮김. 이사도라 던컨. 경당, 2003.

21세기연구회. 하룻밤에 읽는 색의 문화사. 예담출판사, 2004.

이윤주. 복식에 있어서의 색채 이미지에 관한 연구 − 아르데코시대를 중심으로. 연세대학교 석사학위 논문, 1992.

이재만. 한국의 색. 일진사, 2005.

이종남. 우리가 정말 알아야 할 천연염색. 현암사, 2004.

이현주. 노란색 이미지에 의한 복식디자인. 연세대학교 석사학위논문, 1999.

이홍규. 칼라이미지사전. 조형사, 1994.

이홍기. 미사전례. 분도 출판사, 2005.

잉그리트 리델 지음, 정여주 옮김. 色의 신비. 학지사, 2004.

정흥숙. 복식문화사. 교문사, 1981.

제시카 폴링스턴 지음, 강미경 옮김. 립스틱. 뿌리와 이파리, 2003.

조용진. 서양화 읽는 법. 사계절, 1997.

준이치 노무라. 색채심리. 도서출판 보고사, 1990.

채금석 외. 세계 패션의 흐름. 지구문화사, 2003.

채희완. 탈춤. 대원사, 1999.

캐빈 어코인 지음, 김광숙 옮김. Making Faces. 동서교류, 2002.

KBS 한국색채연구소. 우리말 색이름 사전. KBS 문화사업단, 1991.

타이콘 패션연구소. 남자의 옷 이야기. 시공사, 1997.

파버 비렌. 색채심리. 동아출판사, 1985.

파버 비렌. 색채의 영향. 시공사, 1996.

피터 커 지음, 이나경 옮김. 이사도라 던컨 − 매혹적인 삶(2). 홍익출판사, 2003.

하용득. 한국의 전통색과 색채심리. 명지출판사, 1992.

한국색채학회. 색색가지 세상. 도서출판 국제, 2001.

한국색채학회. 이제는 색이다. 도서출판 국제, 2002.

한국색채학회. 색이 만드는 미래. 도서출판 국제, 2002.

한복사랑운동협의회. 한복의 신비로움을 찾아서. 문화관광부, 1999.

국 | 외 | 문 | 헌

楊陽. 中國少數民族服飾賞析. 高等敎育出版社, 1994.

韋榮慧 主編. 中華民族服飾文化. 紡織工業出版社, 1992.

Addresing the century, London : Hayward Gallery, 1998.

Akito Fukai. Fashion. A History from the 18th to the 20th century. Taschen, 2002.

Assouline. Stephanie Busuttil-Cesar, 2000.

Augustine Hope. Margaret Walch. The color compendium. New York: Van Nostrand
    Reinhold, 1990.

Carolin Tennolds Milbank. Couture. Stewart Taboli & Chang, 1987.

Du May. Rouge. Paris, 1994.

Elle. 2004. 11.

Fashion News. Vol. 66, 2001. 1.

Francois Baudot. Fashion Memoir Yojhi Yamamoto. Thames and Hudson, 1997.

Francois Baudot. Fashion-The Twentieth Century. Universe, 2006.

Francois Bucher. A History of Costume in the West. SPADEM, 1987.

Georgina O'Hara. The Encyclopaedia of Fashion. Harry N. Abrams. Inc., 1986.

Gerda Buxbaum(Editor). *Icons of Fashion: The 20th Century*. PRESTEL, 2005.

Gertrud Lehnert. *A History of Fashion. KöNEMANN,* 2000.

Heren. 2006. 10.

James Laver. Costume & Fashion. Thames and Hudson, 1996.

John Gage. Color and Culture. London : Thames Hudson, 1996.

Kim Jongson Gross. Womens's Wardrobe. Thmes and Hudson, 1995.

Madeleine Marsh. Miller's Collecting the 1960s. Octopus publishing group, 1999.

Marie O'Mahony · Sarah E. Braddock Clarke(2002). SpotsTech. Thames & Hudson.

Marie-Andrée Jouve. ISSEY MIYAKE. Universe, 1997.

Marjorie Priceman, Little Red Riding Hood Pop-up, Little Simon, 2001.

Marshall Editions Limited. Colour. London: Marshall Editions Limited, 1988.

Marshall Lee. Erte At Ninety-Five 1. Treville, 1990.

National Geographic. Traveler. Vol.19, No.8, 2002.

Palais Galliera Musee de la Mode et du costume. Robes du Soir 1850–1990. Paris: Musee
    de la Mode et du Costume, 1990

Palais Galliera. Musée de la Mode et du Costume. Femmes fin de siécle 1885–1895. Paris:
    Musée de la Mode et du Costume, Palais Galliera, 1990.

Patrick Voillot. Dimants et pierres précieuses, 2002. p. 8.

Rizzoli. The red dress valerie areele, 2001.

Sarah E. Braddock · Marie O'Mahony. Techno Textiles. New York: Thames& Hudson, 1999.

Sarah E. Braddock Clarke · Marie O'Mahony. Techno Textiles 2. New York: Thames & Hudson, 2006.

St. Augustine. The Confessions : St. Augustine. Maria Boulding, 2002.

Taschen. Fashion, A history from the 18th to the 20th Century. Taschen, 2002.

Ted Polhemus. Street style. Thames and Hudson, 1994.

Textile Report Jeunes Createurs, Vol. 2.

The Metropolitan Nuseum of Art. The Imperial Style: Fashion of the Hapsburg Era. New York: Rizzoli International Publication. Inc., 1980.

Valerie Mendes · Amy de la Haye. 20th Century Fashion. Thames & Hudson, 1999.

웹 | 사 | 이 | 트

http://edunetn.britannica.co.kr

http://en.wikipedia.org/wiki/Prussian_blue

http://k5000.nurimedia.co.kr

http://www.costumegallery.com

http://www.encyber.com(두산대백과사전)

http://www.loveanddiamonds.com/learn

http://www.thecoca-colacompany.com

http://www.webmineral.com

그림출처

Chapter 01 빨강

01 안데르센 지음, 이지연 옮김. 빨간 구두. 한길사, 2002.

02 로이터통신. 2006. 3. 20.

03 경향잡지. 2004년 12월호. p. 101.

04 http://www.thecocacolacompany.com

05 http://www.amorepacific.co.kr

06 Du May. Rouge. Paris, 1994. p. 53.

07 Marshall Editions. COLOUR, 1998. p. 188.

08 채금석 외. 세계 패션의 흐름. 지구문화사, 2003. p. 57.

09 Rizzoli. The red dress valerie areele, 2001.

10 Mariorie Priceman. Little Red Riding Hood Pop-up. Little Simon, 2001.

11 http://www.movist.com

12 http://www.loveanddiamonds.com/learn

13 Patrick Voillot. Dimants et pierres précieuses, 2002. p. 8.

14 Assouline. Stephanie Busuttil-Cesar, 2000.

15 http://www.davinciexposed.com

16 이사도라 던컨 지음, 구희서 옮김. 이사도라 던컨. 경당, 2003. p. 504.

Chapter 02 노랑

01 Masaccio, 1426.

02 http://www.mbphotography.net

03 (사)한국의상협회. 500년 조선왕조복식. 미술문화, 2003. p. 14.

04 동경복식문화재단. Japonism in Fashion, 1996. p. 59.

05 동경복식문화재단. Japonism in Fashion, 1996. p. 132.

06 동경복식문화재단. Japonism in Fashion, 1996. p. 49.

07 京都服裝文化財團. Fashion in Colors, 2004. p. 73.

08 Caroline Rennolds. The Couture Accessory. Harry N. Abrams, 2002.

09 Claire Wilcox. The Art and craft of Gianni Versace. Victoria & Albent Museum, 2002.

10 이종남. 우리가 정말 알아야 할 천연염색. 현암사, 2004. p. 485.

11 이종남. 우리가 정말 알아야 할 천연염색. 현암사, 2004. p. 387.

12 F. Baudot & J. Demachy. Elle Style 1980's. filipacchi, 2003.

13 http://www.firstview.com

14 http://www.firstview.com

15 http://woobiboy.intz.com

17 http://www.soccer-desktop.com

18 http://www.ukemergency.co.uk

19 노란 샤쓰 입은 사나이 영화 포스터, 1962.

20 http://images.google.com/imgres?imgurl

21 http://www.movieposter.com

22 Madeleine Marsh. Collecting the 1960's. Octopus Publishing group. U. K., 1999. p. 108.

23 Claire Wilcox. The Art and craft of Gianni Versace. Victoria & Albent Museum, 2002.

24 Madeleine Marsh. Collecting the 1960's. Octopus Publishing group. U. K., 1999. p. 98.

25 Fransois Baudot. Elle style the 1980's. filipacchi, 2003.

26 京都服裝文化財團. Fashion in Colors, 2004. p. 65.

27 http://www.skd-dresden.dn/en/museen

28 http://imagresearch.naver.com

29 http://cafe.naver.com/dm8866.cafe

Chapter 03 초록

01 http://www.blackpoolgrand.co.uk/shows

02 http://www.artchive.com/artchive

03 엘르까사 이태리. 2001년 5월호.

04 François Baudot. Fashion the Twentieth Century. Universe, 1999. p. 334.

05 Textileview. Issue, 1980. p. 170.

06 http://www.artchive.com/artchive

07 신난숙. 현대한복구성. 삼성이데아서적, 1990. p. 33.

08 http://www.mjeilh.co.kr

09 http://www.lpch.org

10 한국색채학회. 색색가지 세상. 도서출판 국제, 2001. p. 183.

11 Margaret Walch. Living colors. chronicle books, 1995. p. 23.

12 Mora Hinton, Evans Brothers Ltd. Colour in Fashion & Costume, 1995. p. 43.

13 http://www.techiediva.com

14 http://www.corbis.com

15 http://www.thelifeofluxury.com/history-of-the-masters-golf-tournament-green-jacket

01　http://www.naver.com

02　National Geographic. Traveler, 2002. Vol. 19, No. 8. p. 73.

03　북한산 오봉 일출촬영. 2005년 1월 1일 오전 7시 20분.

04　http://www.hwailmachinery.co.kr

05　http://www.davestravelcorner.com/photos/morocco

06　미셸 파스투로 지음, 고봉만 · 김연실 옮김. 블루, 색의 역사. 한길아트, 2002. p. 70.

07　John Gage. Colur and Culture. Thames and Hudson, 1995. p. 64.

08　미셸 파스투로 지음, 고봉만 · 김연실 옮김. 블루, 색의역사. 한길아트, 2002. p. 145.

09　한국색채학회. 색의 세계-02, 이제는 색이다. 도서출판 국제, 2002. p. 186.

10　http://www.naver.com

11　Palais Galliera. histoires du jeans, 1994. p. 86.

12　Palais Galliera. histoires du jeans, 1994. p. 39.

13　http://www.samsungdesign.net/report

14　Textile Report Jeunes Createurs. Vol. 02.

15　FARBE, 1999. Vol. 3. p. 55.

16　동아 TV. Collection, 2007. Vol. 14. Donna Karan. 2007-2008 A/W. p. 383.

17　미셸 파스투로 지음, 고봉만 · 김연실 옮김. 블루, 색의역사. 한길아트, 2002. p. 219.

18　동아 TV. Collection, 2007. Vol. 13. Dsquared. 2007 S/S. p. 255.

19　랄프로렌 향수 광고 이미지. Womensblue.

20　http://www.samsungdesign.net/report.

21　Francois Baudot. Fashion Memoir Yojhi Yamamoto. Thames and Hudson, 1997. p. 33.

22　Textile Report Jeunes Createurs, Vol. 2.

23　Taschen, Fashion. A history from the 18th to the 20th Century. Taschen, 2002. p. 524.

24　Fashion News, 2001. Vol. 66. Juna Watanabe. 2001 S/S. p. 41.

25　Taschen, Fashion. A history from the 18th to the 20th Century. Taschen, 2002. p. 554.

26　동아 TV. Collection, 2007. Vol. 14. Emanuel Ungaro. 2007-2008 A/W. p. 108.

27　동아 TV. Collection, 2007. Vol. 13. Roverto Cavalli. 2007 S/S. p. 272.

28　동아 TV. Collection, 2007. Vol. 14. Versace. 2007-2008 A/W. p. 243.

29　동아 TV. Collection, 2007. Vol. 13. Emilio Pucci. 2007 S/S. p. 276.

30　한국색채학회. 색의 세계-02. 이제는 색이다. 도서출판 국제, 2002. p. 136.

31　김지희. 신비의 쪽빛과 잇꽃을 보자기에 담아. 김지희 식물염색전 도록, 1996.

32　김지희. 신비의 쪽빛과 잇꽃을 보자기에 담아. 김지희 식물염색전 도록, 1996.

Chapter 05   보 라

01 Vogue Italy, John Gage. Color and Culture. 2006년 10월호.

02 Hudson, 1996. p. 55.

03 ①, ② : www.royal.gov.uk

   ③ : 영국대사관 홈페이지 자료실.

   ④ : 중앙일보 2007. 6. 16.

04 영국대사관 홈페이지 자료실.

05 미셸 파스투로 지음, 고봉만 · 김연실 옮김. 블루, 색의 역사. 한길아트, 2002. p. 109.

06 요하네스 이텐 지음, 김수석 옮김. 색채의 예술. 지구문화사, 1994. p. 439.

07 요하네스 이텐 지음, 김수석 옮김. 색채의 예술. 지구문화사, 1994. p. 170.

08 http://www.flicker.com

09 John Gage. Color and Culture. London: Thames Hudson, 1996. p. 147.

10 http://www.99perfume.com

11 http://www.flicker.com

12 Palais Galliera. Musée de la Mode et du Costume. Femmes fin de siécle 1885–1895. Paris: Musée de la Mode et du Costume. Palais Galliera, 1990. p. 90.

13 예담 편집부. 구스타프 클림트 : 황금빛 에로티시즘으로 세상을 중독시킨 화가 : 위대한 예술가의 영혼과 작품세계. 예담, 2006. p. 63.

14 에바 헬러 지음, 이영희 옮김. 색의 유혹 – 재미있는 열세 가지 색깔이야기 2. 예담, 2002. p. 30.

15 http://www.qldwoman.qld.gov.au

16 http://www.flicker.com

17 Milano Women 2008 S/S Collections Show Details. p. 92. ; Donna Collezioni 2008 S/S. p. 111. ; Paris Women 2008 S/S Collections Show Details. p. 127. ; Milan 2008 S/S Collections. gap. p. 31. ; Milan 2008 S/S Collections. gap. p. 367.

Chapter 06   무채색

02 김영인 외. 패션 디자인을 위한 시각표현과 색채 구성, 2003. p. 175.

03 http://imagesearch.naver.com

04 금기숙. 조선복식미술. 열화당, 1987. p. 60.

06 타이콘패션연구소. 남자의 옷 이야기. 시공사, 1997. p. 26.

07 한복사랑운동협의회. 한복의 신비로움을 찾아서. 문화관광부, 1999. p. 48–49

08 드라마 〈하얀거탑〉.

09 http://www.modunc.co.kr

10 Francois Boucher. p. 429. ; Akito Fashion. A History from the 18th to the 20th century. Taschen, 2002. p. 569.

11 http://www.lovetripper.com

12 http://movie.naver.com

13 Francois Bucher. A History of Costume in the West. SPADEM, 1987. p. 856.

14 영화 〈성 메리 성당의 종〉 ; http://movie.naver.com

15 국립민속박물관. 한국복식 2천 년, 1995. p. 39.

16 Kim Jonson Gross. Womens's Wardrobe. Thmes and Hudson, 1995. p. 83.

17 Marshall Lee. Erte At Ninety-Five 1. Treville. p. 84. ; http://www.lovetripper.com

18 Ted Polhemus. Steet style. Thames and Hudson, 1994. p. 30.

19 Ted Polhemus. Steet style. Thames and Hudson, 1994. p. 92.

20 Ted Polhemus. Steet style. Thames and Hudson, 1994. p. 54.

21 영화 〈티파니에서 아침을〉 ; http://movie.naver.com

22 www.dmkpeople.com

22 영화 〈반지의 제왕〉 ; http://movie.naver.com

23 www.cafe.naver.com/imarrys

Chapter 07　특수색

01 Sarah E. Braddock 외. Techno Textiles. New York: Thames & Hudson, 1999. p. 106.

02 Gertrud Lehnert. A History of Fashion. KöNEMANN, 2000. p. 68.

03 Addressing the Century. London: Hayward Gallery, 1998. p. 59.

04 Gerda Buxbaum. Icons of Fashion: The 20th Century. PRESTEL, 2005. p. 88.

05 Sarah E. Braddock 외. Techno Textiles. New York: Thames & Hudson, 1999. p. 91.

06 Sarah E. Braddock 외. Techno Textiles. New York: Thames & Hudson, 1999. p. 91.

07 Sarah E. Braddock 외. Techno Textiles. New York: Thames & Hudson, 1999. p. 126.

08 Sarah E. Braddock 외. Techno Textiles. New York: Thames & Hudson, 1999. p. 126.

09 Sarah E. Braddock Clarke 외. Techno Textiles 2, New York : Thames & Hudson, 2006. p. 15.

10 Marie O'Mahony 외. SpotsTech. Thames & Hudson, 2002. p. 146.

11 Marie O'Mahony 외. SpotsTech. Thames & Hudson, 2002. p. 147.

12 국립문화재연구소 편. 한 장군놀이. 국립문화재연구소, 1999. p. 81.

13 채희완. 탈춤. 대원사, 1999. p. 85.

14 서울언론인클럽. 중국민속생활사 Ⅰ. 서울언론인클럽출판부, 1994. p. 57.

15 韋榮慧 主編. 中華民族服飾文化. 北京：紡織工業出版社, 1992. p. 268.

16 Braddock, Sarah E. Techno textiles, 1999. p. 121.

17 Velerie Mendes 외. 20th Century Fashion. Thames & Hudson, 1999. p. 203.

18 Gertrud Lehnert. A History of Fashion. KöNEMANN, 2000. p. 54.

19 Marie-Andree Jouve. *ISSEY MIYAKE*. Universe, 1997. p. 56. ; Addessing the Century. London: Hayward Gallery, 1998. p. 68.

COLOR
LANGUAGE
OF FASHION

저자소개

김영인
파리 1대학 팡테옹 소르본 대학원 박사
현재 연세대학교 생활디자인학과 교수

김은경
연세대학교 대학원 의류환경학과 박사(패션디자인 전공)
현재 연세대학교 생활과학연구소 전문연구원

김지영
연세대학교 대학원 의류환경학과 박사(패션디자인 전공)
현재 서일대학 의상과 조교수

김혜수
연세대학교 대학원 의류환경학과 박사(패션디자인 전공)
현재 배화여자대학 전통의상과 전임강사

문영애
연세대학교 대학원 의류환경학과 박사(패션디자인 전공)
현재 부천대학 의상디자인과 교수

이윤주
연세대학교 대학원 의류환경학과 박사(패션디자인 전공)
현재 배화여자대학 전통의상과 교수

이지현
연세대학교 대학원 의류환경학과 박사(패션디자인 전공)
현재 연세대학교 생활디자인학과 조교수

추선형
연세대학교 대학원 의류환경학과 박사(패션디자인 전공)
현재 (주)에이픽디자인 대표이사

패션의 색채언어

2009년 9월 5일 초판 인쇄
2009년 9월 10일 초판 발행

지은이　김영인 외
펴낸이　류 제 동
펴낸곳　(주)교 문 사

책임편집　강선혜
본문디자인　아트미디어
표지디자인　반미현
제작　김선형
영업　김재광 · 정용섭 · 송기윤

출력　아트미디어
인쇄　동화인쇄
제본　대영제책사

우편번호　413-756
주소　경기도 파주시 교하읍 문발리 출판문화정보산업단지 536-2
전화　031-955-6111(代)
팩스　031-955-0955
등록번호　1960. 10. 28. 제406-2006-000035호
홈페이지　www.kyomunsa.co.kr
E-mail　webmaster@kyomunsa.co.kr
ISBN　978-89-363-0898-8 (93590)

값 16,000원